客訴行銷

哪怕對方又奧又盧
也要讓他買得心服口服

GOOD PRODUCT

黃榮華、劉金源 著

情動＋心動＝行動
好產品＋好業務＝完美行銷

幫客戶省錢的同時，就是在為自己爭取長遠的利益？
面對只看不買的客人，最好的辦法就是讓對方感到內疚？

目錄

第四章 心理操縱術——讀懂顧客心理

目錄

第七章 這樣銷售最有效——不可不知的推銷法

目錄

目錄

前言

賣的就是智慧

在商界這個大舞台上，商業的利潤都是在「賣」當中獲得。畫家賣的是美感，作家賣的是文字與思想，演員賣的是演技，企業賣的是產品……每樣東西都可以銷售！

賣是一種智慧，賣是一種藝術，會賣的人才能引來買主，讓我們看看這位賣菜的婦女如何賣辣椒？

這一天，一個買主來到賣辣椒婦女的三輪車附近，問她：「辣椒辣嗎？」賣辣椒的婦女很肯定的告訴他：「顏色深的辣，顏色淺的不辣！」買主信以為真，挑好辣椒付了錢，滿意的走了。大部分人都是買不辣的，顏色淺的辣椒很快就所剩無幾了。

沒多久又有個買主來了，問的還是那句話：「辣椒辣嗎？」賣辣椒的婦女看了一下自己的辣椒，信口答道：「長的辣，短的不辣！」果然，買主就按照她的分類標準開始挑起來，於是長辣椒很快告罄。

看著剩下的都是深顏色的短辣椒，又一個買主問「辣椒辣嗎？」賣辣椒的婦女信心十足的回答：「硬皮的辣，軟皮的不辣！」被太陽晒了半天，有很多辣椒因失水變得軟綿綿了。就這樣，在她智慧的應變中，這位婦女把辣椒全都賣光了。

賣辣椒的人，恐怕都會經常碰到這樣一個眾所周知又非常經典的問題，那就是不斷會有買主問：「你這辣椒會辣嗎？」真的不好回答。也許買辣椒的人是個怕辣的，馬上離開；也許買辣椒的人是個喜歡吃辣的人，生意就做不成。我們不能不佩服這位賣辣椒的婦女的智慧，也正是她會賣，她的辣椒不管辣不辣總能賣出去。

由此可見，賣東西確實需要智慧。賣的因素有好多：需要良好的產品品質，需要懂得顧客的心理，需要熱情的招攬客戶，需要廣告來造勢，需要好的心態，需要良好的形象，需要能說會道的口才，需要銷售的技巧，需要良好的服務。

無論是小企業還是大公司，無論是零售業還是服務業，無不是在「賣」中求生存，在「賣」中求效益，在「賣」中求發展。在產品的同質化發展的今天，賣更是一門學問。君不見一模一樣的產品，為什麼別人總賣的比自己好？為什麼你的產品品質好卻無人問津？為什麼三番五次的打廣告銷量卻總是低落？為什麼任憑你說破嘴也不能賣出去？為什麼服務再好也不能提升業績？

想找到答案嗎？那麼請你打開此書吧！此書為你揭祕賣的真經，指點賣的迷津，薈萃賣的智慧，聚集賣的學問。這是為每一位銷售人員、每一位賣場的營業員、每一位商業經理人、每一位老闆量身打造的書，閒暇之餘，請讀一讀本書，相信在品讀中能夠給你開拓賣的思路，為你找尋賣的靈感，讓你收獲賣的學問。

第一章　賣產品不如「賣自己」

01 GOOD PRODUCT

世界第一的汽車推銷員、金氏世界紀錄保持者喬．吉拉德說：「其實我真正賣的產品不是汽車，而是我自己——喬．吉拉德。以前如此，未來也是如此。」注重自身形象的銷售者，帶給顧客的是賞心悅目的感受，顧客即使不買，也不會對你反感。由此可知，想賣產品要先讓顧客喜歡上你。

1 接遞名片有禮儀

（1）遞名片講究「奉」

日常生活中，隨意用手指指人是極為無禮的行為，因為手指是尖銳之物，尖銳之物是會傷人的；同時，用手指指人具有挑釁的意味，所以使人極度反感和產生警戒心。以消除顧客警戒心為第一要務的銷售人員切忌用手指或尖銳之物指向客人。

有一位銷售人員去拜訪公司總經理，遞名片時，用食指和中指夾著名片遞給對方，本來應遞到對方手中的，可是他卻將名片放在桌上，以致那位經理大為不快，結果就可想而知了。

遞名片講究「奉」，即奉送之意，要表現謙誠、恭敬。下面介紹三種名片遞法：

①　手指併攏，將名片放在手掌上，用大拇指夾住名片的左端，恭敬的送到顧客胸前。名片的名字反向對己，正向顧客，使顧客接到名片時就可以正讀，不必翻轉過來。

②　食指彎曲與大拇指夾住名片遞上。同樣名字反向對己。

③　雙手食指和大拇指分別夾住名片左右兩端奉上。

以上三種遞法都避免了「尖銳的指尖」指著顧客的禁忌，其中尤以第三種最為恭敬。也許你認為這是區區小節不必在意。可是有時候對名片處理不當，就會使銷售工作馬失前蹄。

銷售人員每天都要遞上好幾次名片，希望那些想成為銷售高手的人千萬別不拘這個「小節」。

（2）接名片講究「恭」

有些人在訂做的襯衫上繡上自己的英文縮寫的名字，也有些人戴鑲有名字縮寫的項鍊，這並不是怕和別人的東西混淆，或者怕失竊，而是表示對自己名字的重視。很多人終身打拚就是想成功出名或萬世留名。名字是人的第二生命，是生命的延長，侮辱了一個人的名字等於侮辱了他本人。

名片正是名字的具體載體，它代表一個人的身分。銷售人員在工作中常常要接受名片，接受方式是否恰當，將會影響你給顧客的第一印象，因此必須懂得如何禮貌的接受名片。接受名片講究一個「恭」字，即恭恭敬敬，有下列幾種接受方式可供參考：

①　空手的時候必須以雙手接受。試想如果別人以此種方式接受你的名片，你一定很高興。

②接受後要馬上過目，不可隨便亂唸或有怠慢的表示。

③初次見面，一次同時接受幾張名片，千萬要記住哪張名片是哪位先生或小姐的，如果是在會議席上，休息時不妨拿出來擺在桌上，排列次序，和對方座位一致。這種舉動同樣不會失禮，反而會使對方認為受到你的重視。

④把對方的名片放在桌上，把東西隨便壓在名片上的大有人在，殊不知這等於是把對方的臉壓在屁股下面一樣，會使對方感到受了侮辱，因此一定要小心謹慎。

⑤假如你很想得到對方的名片，對方卻忘記給你，這種情形經常出現。如果就此畏縮：「他是不願給我名片的。」這不是銷售人員應有的想法。內向、被動，對銷售人員來說是不可取的，你大可以向他請求。「真冒昧，如果方便的話可否給我一張名片？」這樣做，一來你表示了地位，二來會提高對方的身分，沒有什麼不適當的。

名片是對方人格的象徵，尊敬對方的名片也就等於尊重對方的人格，當對方感受到你對他的尊重時，必然會增加對你的好感，這將有利於銷售工作的展開。接受名片時是否有禮貌，直接影響你的銷售，切不可等閒視之。

賣的智慧

在商務活動中，接遞名片時也要有禮儀。

2 指責客戶是銷售中的大忌

銷售人員在銷售時指責客戶是一件愚蠢的事情，也是一件極不禮貌的事情，對你的「上帝」都不禮貌，難道能銷售成功？銷售時的最基本的禮儀就是不要指責客戶。

著名學者戴爾．卡內基也談到過他的一次受指責的經歷，他說：「我年輕時，很想給別人留下些印象。我曾經寫過一封傻乎乎的信給理查德．哈丁．戴維斯，他曾是美國文學界名噪一時的大作家。我當時正在為一家雜誌社撰寫相關作家方面的文章，我請戴維斯談談他的工作方法。在這之前的幾個星期，我收到過別人的來信，信章節附注著：『口述記錄，未經本人審閱。』對此我印象非常深刻，我想寫信的人一定是位很重要、整天忙碌的大人物。雖然我自己並不忙，但我也希望給戴維斯留下一個深刻的印象。於是我也大筆一揮，在信箋末尾批上：『口述記錄，未經本人審閱。』他自然不屑於給我回信，僅在那封信的末尾草草的批上：『你的壞習慣只能與你的壞作風堪與媲美。』就把信退給了我。的確，是我做錯了事，也許是我咎由自取。但是因為出於人的本性，我對此還是十分反感。我是如此耿耿於懷，以至於十年後當我獲悉戴維斯去世的時候，我唯一想到的就是此人曾經傷害過我。」

指責是沒有好處的，因為它只能讓人處於自衛的狀態。指責也是危險的，因為它傷害一個人的尊嚴，傷害他的自尊，結果是激起他的反感。

據說，年輕時的林肯也愛指責人，在印第安那州的鴿溪谷時，他不僅指責而且還寫信件和詩歌譏諷他人，他將這些信丟在肯定能被人發現的鄉村道路上。就因為他總是指責人，他差點為此而丟掉性命。

那是在當見習律師之後，林肯在報紙上發表信件攻擊他的對手——自負而又好鬥的愛爾蘭政治家詹姆斯．西爾茲。信雖然是匿名的，但是詹姆斯很快就查出是林肯所為，他提出要和林肯決鬥。決鬥即將開始的最後一刻，他們各自的幫手出來打圓場阻止了這場決鬥。林肯從這一事件中吸取了深刻的教訓，此後他再沒有寫過侮辱人的信件，再也沒有嘲弄過別人，也再沒有為任何事指責過別人。

對於銷售人員來說，顧客就是衣食父母，更沒有資格指責顧客了。如果你不想銷售出商品，如果你不想讓顧客對你及你的商品產生好感，那就另當別論了。下面這個故事就是由於指責，使自己的銷售失敗。

卡契夫婦花七百多美元買了一台安培阿卡牌的二十寸彩色電視機。據這家公司的廣告稱這種電視機有許多優點：色彩豔麗、按鈕靈敏、瞬間就能出現聲音及畫面、遙控選擇頻道、超高頻率等。遺憾的是，卡契夫婦的電視機裝好後，效果並不理想——畫面模糊不清、人物呈紫色，僅能收到一個超高頻率的頻道，而且畫面上還有一堆斑點。

據該公司的銷售人員講，這種情況在某些地方也有發生。他們打電話給公司的服務部，請他們立即派一個維修人員來。

不久，來了一名修理工。卡契夫婦向他介紹了電視的不良情況，他不耐煩的說：「好了，好了，現在我就開始修理，但是我必須警告你們，這種彩色電視機已經給我們增加了許多麻煩。」說著，他將紫色的人像調成了正常的色彩，觀察了五分鐘又說道：「哦！我看你們一定亂撥動過這些垂直及水準、亮度等按鈕，還有這個色調控制調整鈕，你們這裡是不是有個頑皮的小孩？」

卡契太太說道：「對不起，我家只有一個五十二歲的『老小孩』。」說罷，她看了看沉默不語的卡契先生。

修理工又做了一些調整，轉身向卡契先生說：「我已經全部修好了，但是我真不知道你們怎麼把這台電視機弄成了這個樣子。我想知道你是怎樣操作這台電視機的。」

於是，卡契先生走到電視機旁，按了「開」的按鈕及旁邊的彩虹按鈕。

修理工尖叫起來：「錯了，不是那個按鈕！你看過說明書嗎？你按的是人工調整裝置，請將電視保持在自動狀態。」

卡契先生遵從了他的指示，於是畫面又變得明亮又清晰，同時也出現了正常的色彩。

修理工一邊吸著菸，一邊對卡契先生說：「我勸你不要做任何精密的調整，要保持自然狀態。」

「實在對不起，我現在才了解了你的意思，但是我還不知道超高頻率是怎麼回事。」卡契先生撥了一下刻度盤，成功使畫面變得更加清晰，卻仍然有許多斑點，於是他又問道：「為什麼我們不能收到其他電視台的節目呢？」

這個修理工輕蔑的看了一眼卡契先生，說道：「你一定是開玩笑吧，在這個高樓林立、公寓眾多的地區，你還想得到良好的超高頻率？你怎麼能指望單向移動的波形能消除高層建築對頻率的多重影響呢？你別做美夢了。」

挨了數落的卡契先生再也忍受不了了，他生氣的說道：「很對不起，我想我會慢慢懂得怎樣使用電視機的，對於你的『一流』服務態度我無法領受，我將會向貴部門報告。別忘了你的工具，也不要擔心地板上的菸灰，我太太會清理的，你回去吧。」

這個修理工雖不是銷售人員，正如我們所說的「人人都是銷售人員」，尤其是從事售後服務的修理工更是代表著公司的形象，他們的表現直接影響公司產品的銷路。可以想像，受到無端指責的卡契夫婦對這位修理工是多麼深惡痛絕，對他所在的那家公司也不會有一個好的印象。給客戶留下壞印象是很容易的，要改變壞印象可就真的很難。銷售人員當以此為鑑。「顧客是上帝」，對上帝我們是無權進行指責的，對顧客也是如此。

在銷售中，銷售人員總是希望迅速有效的改變客戶的態度，方法一定不能簡單，態度一定不能粗暴，尤其是在顧客的言行中有不妥當之處的時候，千萬不能直接指出其不當的地方，而應採取尊重客戶的做法，使他心裡明白你是尊重他的，只有這樣，銷售才能順利進行。

賣的智慧

指責客戶是銷售中的大忌。

3 與顧客爭辯，你就無法賣出你的產品

銷售人員在與顧客進行爭辯時，即使贏了也難銷售出東西，輸了同樣也不能成功銷售。因此，對於銷售人員而言，最好的辦法就是不要跟顧客爭論。

約瑟夫．艾利森是威斯汀豪斯電器公司的銷售人員，他費了很大的力氣向一家大工廠銷售了幾台引擎。三個星期後，他再度前往那家工廠銷售，本以為對方會再向他購買幾百台的。後來那位總工程師一見到他就說：「艾利森，我不能再從你那裡買引擎了！你們公司的引擎太不理想了！」

艾利森驚詫的問：「為什麼？」

「因為你們的引擎太燙了，燙得連手都不能碰一下。」

艾利森知道與對方爭辯是沒有任何益處的，於是連忙說：「史賓斯先生，我完全同意您的意見，如果引擎發熱過高，應該退貨，是嗎？」

「是的。」總工程師答道。

「自然，引擎是發熱的，但是您當然不希望它的熱度超過全國電工協會規定的標準，不對嗎？」

「對的。」總工程師又答道。

「按標準，引擎可以比室內溫度高華氏七十二度，對嗎？」

「對的，但你的產品卻比這高出很多。」

艾利森沒有爭辯，只是問道：「你們工廠的溫度是多少？」

「大約華氏七十五度。」

艾利森繼續說：「工廠是七十五華氏度，加上應有的七十二華氏度，一共是華氏一百四七度。您要是把手放在華氏一百四七度的熱水龍頭上不也是會燙手嗎？」

總工程師不得不再一次點頭稱是。

「好了，以後您不要用手去摸引擎了。放心，那完全是正常的。」

結果，艾利森又做成了近三千五百美元的生意。

艾利森後來對他的同行說：「我耗費了多年，在生意上損失了無數的錢財後才最終懂得，爭辯是划不來的。而與別人易位相處來看問題，想法讓別人講出『對，對』，則能獲得更多的好處，也比較有意思。」

有人說，「每一場辯論的結果，十有八九都是雙方比以前更加堅信自己有百分之百的理由。」的確如此，這樣做的結果，只能是使對方更加固執、更加難以說服。

齊·西·伍頓在一家百貨公司買了一套西服，結果那套西服使他非常失望，上衣褪色把他的襯衫領子都染黑了。

伍頓拿著那套西服去找門市人員，一位門市人員反唇相譏道：「這種西服我們已經賣出好幾千套了，我們可是第一次聽到有人來提意見。」門市人員那咄咄逼人的口氣似乎在說：「你說謊，你以為這樣就可以賴在我們頭上嗎？我倒要給你點顏色看看。」

在爭吵達到白熱化程度時，另一名門市人員插嘴說：「凡是黑色的西裝開始都會褪點顏色，這是沒有辦法的事，問題不在於這種價格的西裝，而出在染料上。」這位售貨似乎在暗示伍德，他買的只是二等貨。伍德很生氣，就在這個時候，部門的經理走了過來，經理在了解事情的原委後，站在伍德的立場與兩位門市人員爭論，這是伍德始料不及的。

當經理問：「您要我怎麼處理這套衣服呢？我一定盡力滿足您的要求。」

僅在幾分鐘前還鐵了心要退貨的帕森斯答道：「我只是想聽聽您的意見，褪色是不是暫時的，是否有什麼補救辦法？」

經理和顏悅色的說：「您再試穿一個星期，如果到那時還不能令您滿意，您就把它拿回來，我們一定幫您換一件滿意的，給您帶來不便我們非常抱歉。」

伍德走出商店時已沒有了絲毫怨氣，一星期後那套衣服再沒出什麼毛病。

銷售人員在和顧客爭辯時，即使贏了也難以再銷售東西，輸了同樣也不能成功銷售。

派翠克．奧黑爾是紐約懷海特汽車公司的一位銷售人員，在他最初從事這項工作時，他總是跟顧客爭吵，惹得顧客大為不滿。明明是一個可能要買他車子的顧客，只因對他出售的車子說了幾句不中聽的話，派翠克往往會就此勃然大怒，立即向對方發起攻擊。

有一次，派翠克走進一位顧客的辦公室，當他作完自我介紹後，對方說：「什麼？是懷海特公司的車？那有什麼好！你就是送給我，我也不要！我要的是威斯特公司的產品。」

派翠克大為惱火，立即對威斯特汽車進行「狂轟亂炸」。可是，他越是數落威斯特汽車，對方就越是誇它。

派翠克在和顧客的爭吵中，大獲全勝的時候居多，他常常一邊離開顧客的辦公室，一邊說：「我可把那傢伙教訓了一頓。」被他「教訓」了一頓的顧客會買他的車子嗎？當然不會！因為他把對方駁得體無完膚，讓對方感到自己矮了一截，這極大的傷害了對方的自尊心。

賣的智慧

銷售人員在和顧客爭辯時，只會傷害對方的自尊心，而無法成功銷售。

第二章　好產品就是行銷力

02 GOOD PRODUCT

不管你造什麼產品，一定要追求品質。要知道商業之間的競爭，歸根究柢是在爭顧客，但是爭顧客的最好手段是做好自己的產品，要知道：好產品就是行銷力。

1 好產品自己會說話

不管製造什麼產品，一定要追求品質；不管你做什麼服務，一定要追求品質。銷售與品質是成正比的。品質最簡單最精確的定義就是：讓客戶感到滿意。

企業之間比服務、比價格，唯一無法替代的就是產品的品質，品質是做出來的，而不是檢查出來的。只要有嚴謹的品質觀念，就能做出一流的產品。世界上任何一種高品質的產品都是一種不斷改進的過程，而這個改進的過程一定少不了顧客的參與。產品品質的好壞由顧客評價，只有提升產品的品質才能增加顧客的滿意度。

美國有一家地毯公司，向來都注重產品的品質和服務的品質。

他們在產品出庫發給客戶前都會測量地毯的穩定性、分子量的分布，單體元素反應的百分比、韌性等，並向顧客保證：「你所拿到的是品質最好的產品。」意外的是，有一位歐洲客戶卻將貨退回並聲稱：「你的產品不能通過我們的RS測試」，所謂的RS測試就是把一張有滑輪的辦公座椅放上一些重物，然後在做測試的地毯毛皮上轉一萬圈。如果地毯毛與發泡塑膠澈底分開，就算品質不過關。最後，美國的這家地毯公司按照歐洲客戶的要求與測試方法，最終提供給顧客能經受八萬圈的產品。

事後這家地毯公司寫了一封足足八頁的感謝信去感謝這位歐洲客戶：「是你們嚴格、善意的要求使得我廠生產的地毯更有市場競爭力。感謝你們！」

要去建立足夠數量與品質的未來客戶，以確保你能如期達成或超過你的銷售目標。品質就是關鍵。

品質就是生命，效益決定發展，在競爭激烈的商場上，品質是贏得客戶信任的基礎。有了品質，才能占有市場，實施名牌策略，占有優勢地位。品質關乎著一個行業的興衰，一個企業的發展，一個地區的繁榮，甚至一個國家經濟的起伏。

企業要想在市場競爭中立於不敗之地，樹立自己的形象至關重要，首先是產品形象，企業應該從產品品項、產品品質、產品功能、產品價格、產品外形、產品包裝等方面下工夫，廠牌和商標是產品形象的重要方面，而品質則是核心。

某化工集團股份有限公司董事長李先生對員工提出了「誰不重視品質，誰要是砸招牌，我就開除誰！」的要求。某電器集團董事長對品質的追求也到了令人嘆服的程度，他有一句有名的話：「寧可少做億元產值，也不可讓一件不合格產品出廠。」有一次，該電器公司一批貨物出口時，在運輸過程中偶然發現一件產品不合格，董事長毅然要求全部產品開箱檢查。為了不影響交貨，這批貨物由海運改為空運。僅此一項，企業的運

第二章　好產品就是行銷力

費就多花了八十萬元。

產品品質是當今市場競爭的焦點和根本手段，是產品能否在國際市場上取勝的一個關鍵性的決定因素。「Do it right the first time！」（一次成功），這句話在美國企業廣為流傳。這是企業管理者對產品品質嚴格的要求。

一次成功是達到產品完美無缺這一目標的最理想做法。要知道，真正花錢的是不合品質標準的事情——沒有在第一次把事情做好。

追求品質是一種管理的藝術，如果企業能建立正確的觀念並且執行有效的品質管制計畫，就能預防不良產品的出現，使工作充滿樂趣，生產力高度發揮效益，不會為整天層出不窮的品質問題而頭痛不已。

許多公司常常使用相當於總營業額百分之十五至百分之二十的費用在測試、檢驗、變更設計、整修、售後保證、售後服務、退貨處理以及其他與品質相關的成本上，所以真正花錢的是品質低劣品。如果企業第一次就把事情做好，那些浪費在補救工作上的時間、金錢和精力就可以避免。

井植歲男是第二次世界大戰後的日本企業家，他成功的將三洋電機公司發展成為大公司而揚名國際市場。

三洋公司曾經有一批新產品，正準備大量生產的時候，卻發生了問題，那就是裝置電機部分的支軸斷了。這個問題相當嚴重，弄不好就會使公司所有信譽毀於一旦。

井植得知了這一情況後，十分驚訝，但是富有風險管理能力的他並沒有驚慌，而是立刻找人調查。結果意外的發現已經生產的產品中，有一半以上的產品都是可能發生斷裂的次品。

這時三洋公司在報紙上已大幅度的刊登了新產品的廣告，產品上市的日期也近在眼前，卻發生了這種致命性的錯誤。

這些產品大約有一萬個，相當於兩個月的生產量，這麼重大的損失，到底是不負責任的賣出去呢，還是眼光放遠些，迅速收回？雖然不顧一切的將產品賣出去，可以獲得眼前的利益，將資金暫時穩住，但是這些不良的產品將損傷公司建立的良好形象，以後在市場上可能就永無立足之地。權衡得失利害，井植毅然決然下令收回所有的產品。

井植的做法挽救了三洋公司，產品收回後經過重新改進投放市場，大受消費者的歡迎，假若井植當初選擇不收回產品而將其賣出去，三洋公司的產品信譽必定一敗塗地。

一個企業，一個公司甚至於私營老闆，要想在激烈的競爭中長盛不衰，都必須重視產品的品質，用高品質的產品和服務來征服市場、贏得顧客，而精益求精是品質的精髓。

產品品質，在保證顧客滿意的同時，是不是也有其固有的指標呢？答案是肯定的。下列幾個標準是消費者首選的標準：

（1）安全性。安全是消費者對產品品質最基本的要求，很難想像煞車容易失靈的汽車會得到消費者的青睞。

（2）耐用性。消費者一般相對實際，容易選用耐用的產品。當然耐用性要有一定尺度，比如製造出來的價格昂貴、但是能穿幾年不壞的皮鞋不一定能贏得多少消費者。

（3）新穎性。喜新厭舊似乎是人類的特點之一，新穎性能使消費者產生美好的視覺方面的效果。

（4）適用性。有時候品質越高並不一定越符合消費者的需求；相反，品質過高還可能造成產品過剩。

賣的智慧

想確保如期達成或超過銷售目標，品質就是關鍵。

2 開發特色產品，特色就是購買力

面對大街上琳琅滿目的各種商品，消費者選擇哪種產品，哪種產品賣得好，取決於那個商品的吸引力。而構成吸引力的一大因素，則在於產品有無特色，這已成為商家取得商戰勝利的一大「祕密」。

鈴木有逛商店的習慣。一天，他來到一家服裝店，發現那裡掛衣服的衣架很不實用。忽然他產生了一種念頭，要做出品質好的衣架。

「先生，您想買大衣，還是西服？」門市小姐走過來，彬彬有禮的說，「請試一試吧，試衣間在那邊。」

門市小姐很熱情的把大衣從衣架上取下來，遞給鈴木。鈴木接過大衣，隨手把那個衣架一起拿進了試衣間。

在試衣間裡，鈴木並沒有試穿大衣，倒是一次又一次的給那支衣架「試穿」。他反覆思索著衣架的造型和質地，看看哪些地方「不合身」。

從試衣間出來後，鈴木決定買下這件大衣，並希望營業小姐能把一些衣架賣給他。

營業小姐很樂意做這筆生意，她給鈴木拿了三種不同樣式的衣架，並聲稱這些衣架是送給鈴木做紀念品的。

鈴木回到家裡，把那件昂貴的大衣放在一邊，又研究起那件衣架來，他想：作為衣架，應該以不損傷衣服襯裡，同時又不會使衣服的外觀變形為最重要；理想的衣架是應該能呈現人體曲線的，如果用塑膠代替木材製成衣架的話，一定能夠達到這種效果。於是，他便著手研製起新型衣架來。

不久，他的研究成功了，他把這種新型的塑膠衣架命名為「露漫式」衣架，並申請了發明專利，然後在衣架廠訂製一批，投入市場。

由於這種衣架具有實用性，質地好又美觀耐用，一上市就受到許多批發商的歡迎，紛紛慕名趕來向鈴木訂貨。後來鈴木成立了自己的公司，專門生產這種衣架，每天生產一萬三千支，仍然供不應求。現在這種衣架已推廣到全世界，幾乎在每個服裝店都能見到。鈴木也實現了自己夢寐以求的願望，成了大老闆。

開發特色產品，能促使公司創下自己的一片新天地。一個公司要想能為別人所不為，不但要具有長遠的策略目光和精明的經營頭腦，更要瞄準市場，發揮特長、富有特色，才能創出自己的一片天。

黃女士開發出了獨具特色的薄皮餃子館就很有特色。薄皮餃子很快變成熱門商品，員工由兩人發展到九人，營業面積擴大一倍，餃子館依舊天天爆滿。隨著規模的擴大，營業面積擴大到一百坪，增加員工五十多人。不久，薄皮餐飲有限公司正式成立，同時還開了一間分店，發展了兩間授權店。

她的成功與她的特色經營分不開的，在社會競爭日益激烈的今天，唯有特色才能打開一條財富之路，思路一打開，財運自然來。現代經濟需要有創造性思維深入骨髓的人，社會的進步也呼喚具有創造性思維的人才。

以上兩個案例告訴我們，無論什麼公司，要想做生意，特別是贏得獨家生意、取得良好的銷售業績，就應樹立強烈的市場觀念和競爭觀念，而取得市場競爭勝利的一個可靠辦法，就要避開眾多競爭對手，創立自己的獨家市場。

據相關部門最近調查分析預測，目前和今後公司可以大力開發的特色產品有：

新奇型——無論在造型、使用效果上都有新的突破和特色，主要適應消費者「喜新厭舊」的購物心理。

祝福型——能讓人得到美好祝願的感覺。

高貴型——這種商品的特色是抓住了部分高收入階層「只要東西好，再貴也買」的消費心理。

安全型——此種商品的特色是能代表人們追求安寧生活的心願。
愉快型——力求使人感到滿意愉快。
保健型——有利於健康保健。
立體型——在結構、裝潢、圖案等方面都有立體感。
組合型——有節約原料、節約占地面積等優點。
專業型——產品按專業、年齡分類。
敏捷型——力求微型、輕巧、玲瓏、美觀且使用方便。
系列型——講求配套一條龍、分工細密。
多功能型——不但要求有保健、娛樂、藝術功能，還要有開發智力、特別保護等功能。
仿質感型——外觀、手感與天然物質一樣，其使用性能又必須優於天然物質製造的新產品。
流行色款型——產品顏色與製造款式協調。

特色是公司利潤的成長點所在。特色產品是指為特殊的消費者服務，由充分滿足他們的需求所形成的一種不可替代的產品。開發特色產品時要注意：

第一，針對特殊消費者，必須同時發揮自身的優勢，把兩者結合起來，才能形成特色產品。對自己沒有優勢的領域，連產品的變化都跟不上，談何創新又談何特色呢？

第二，特色產品不是一個，可能有好幾個，要一個一個去開發，不要跟隨一窩蜂的熱度。

第三，選準特色產品的著力點。選準著力點，就是透過細分、定位找到公司的特色市場。怎樣細分定位？細分不是常說的按地域分、按年齡分、按民族分、按性別分等等。這裡的細分是一種發現，是一種察覺，是一種悟性，是企業家從事物的發展過程中，從潛在的需求和現實的需求中所找到的一種空位。一旦發現這種空位，就會形成你獨特的市場。

例如，愛迪達想建立自己的鞋業市場。鞋業市場已被 NIKE、Reebok 等品牌占領，經過細分，愛迪達定位在十二至十七歲的少年，為什麼？因為十八歲已是成年了，而十二至十七歲是強烈要求獨立的年齡。然後愛迪達開始了強力的宣傳：「NIKE、Reebok 是你們爸爸媽媽、哥哥姐姐他們那一代人的鞋，你們這一代人應有自己的鞋，自己的鞋就是愛迪達。」人是從十七歲長大的，十七歲穿愛迪達，長大後也還要穿愛迪達，愛迪達就有了自己的消費族群，這就是定位。

賣的智慧

沒有飽和的市場，只有飽和的產品。

3　主力產品才能打得響、賣得好

美國著名企業管理專家說：「主力產品就是你的全部資產。」什麼是「主力」產品？「主力」產品是根據公司的潛能和市場的需求開發出來的重要產品。

「主力」或「支柱」的產品，就能使公司起死回生，生而至活，取得持續穩定的和較大的經濟效益。許多成功私營公司的經驗，都說明了這一點。這裡所說的「主力」或「支柱」產品，是指在市場上享有較高聲譽、長久為使用者所歡迎，能夠打得響、叫得響，對公司效益成長、公司生存發展起舉足輕重作用的產品。

產品開發的品項數量不一定要多，而在於精，只要能開發出一個能形成「主力」或「支柱」的產品，就能使公司持續穩定發展壯大。

公司進行產品開發，只有抓「主力」或「支柱」，就意味著要發揮優勢，形成優勢。

沒有優勢，或有優勢不能充分發揮，就沒有銷量。怎樣才能開發主力產品呢？

首先，進行產品開發，必須先要廣泛進行市場調查。

掌握市場資訊，了解市場需求，研究市場變化及其規律，對市場需求趨勢進行科學的分析和預測，根據市場需求狀況確定開發目標（包括品項、規格、花色、樣式等），並按照市場需求變化趨勢和時機確定開發週期、投入市場時間及產品數量等。

其次，進行產品開發，還必須考慮自身的可能，根據自身的條件，做到揚長避短。

這就是說，要使開發獲得成功和取得好的效益，只考慮市場需求是不夠的。市場很需要的產品，如果公司不具備技術、設備、人員、資源、管理等條件，也是望洋興嘆，開發不出來的，或錯過市場時機。另外，產品開發，要注意發揮自身的技術、設備、人員等優勢，避開劣勢，如果離開自己的優勢，即使市場很需要，也不會收到好的效果。所以，公司進行產品開發，一定要在自己熟悉、具有優勢、具備有利條件的領域裡進行。一個公司的優勢和劣勢是相對的、可變的，如果一個公司在進行某一種產品開發時，只具備某些方面的優勢，而其他方面不具備優勢，則可以透過創造條件加以彌補，將劣勢變成優勢，如透過聯合、引進等措施來解決資金、技術、人才等方面的不足。

第三，要配套開發、系列開發和綜合開發。

公司在抓「主力」、「支柱」的同時，還要抓一般產品的開發，特別是配套產品的和系列產品的開發。要以「主力」、「支柱」為主，以其他產品開發為輔；以「主力」、「支柱」帶配套、系列產品開發，以配套、系列產品開發促「主力」、保「支柱」，使兩者相互促進、相輔相成、相得益彰。這樣才能使公司資源得到充分利用，獲得最佳經濟效益。若只有「主力」、「支柱」而無其他輔助產品，容易形成「單打一」，無法形成整體、綜合資產收益。因為使用者對產品的需求往往是多種多樣的，不只是需要一種「主力」產品，而且還需要配套、系列產品。在有些情況下，如果公司不能在滿足使用者對「主力」產品需求的同時，也滿足他們對配套、系列產品的需求，往往會影響他們對「主力」產品的需求和購買。因此，公司營運應在抓「主力」的前提下，又抓其他產品開發。

總之，要進行產品開發，一是要考慮市場需求，二是要根據自身條件提供的可能，兩者缺一不可，須做到相互融合。原則是從實際出發，以能否取得好的效益為標準。

賣的智慧

打造主力產品才能成長效益。

4　奇貨——越「怪」越好賣

以善算制勝，關鍵是奇中有謀，奇中藏招。它往往能出奇制勝，收到事半功倍的效果。「奇」要先人一步，要獨闢蹊徑，要為人所不能，這是暢銷產品的智謀之一。

從前，在國際市場上玻璃杯曾滯銷，不少製造玻璃杯的工廠紛紛倒閉。日本下穀玻璃製品公司生產了一種帶「酒窩」的斜口玻璃杯：杯邊有窩，手拿著不容易滑掉，杯口傾斜，一邊高，一邊低，高鼻子的西方人喝起來不會碰鼻子。這種獨具一格的玻璃杯一上市，立即成為暢銷品。

現代商戰中，善於出奇制勝的企業家，都不拘泥常規。他們在異常複雜的競爭中，往往能抓住那最關鍵、最本質之點，來考慮自己的行動決策，即使處於進退兩難之際依然能發揮創造性思維。從一個可能點出發，進行跳躍式或不規則的思考，聯想而又反想；衝破常規，定出奇謀妙計，生產出出奇的產品，深得消費者的喜愛，從而占領市場、走出困境。

在市場競爭中，經營者要戰勝對手，首先在經營思想上要有奇招，出奇的經營思想、出人料想的商品，才能滿足大眾的獵奇心理，從而激起消費者的消費欲。

在日本東京出現了一家中藥茶館，生意興隆，經常客滿，這家茶館是伊倉中藥行開辦的。這藥行原來只出售中藥，當時中藥的銷路很不好，許多藥品呆滯在倉庫裡。為了打開中藥的通路，石川經理生出一個奇想，開辦一個跟生意全然無關的茶館，不必努力去拉生意，只需把中藥和茶館組合起來，進行多角化經營就行了。於是，伊倉中藥行開設的伊倉中藥茶館就誕生了。為了消除中藥的氣味，石川經理對摻有中藥的飲料進行了特殊加工，並使茶館的氣氛明朗化、裝飾現代化。館內安裝了冷氣設備及瑰麗的美術燈，桌子和椅子採用淡黃色，牆面粉刷成白色，地面鋪著綠色地毯，並播放著輕快的樂曲。壁櫃裡擺有閃爍著迷人色彩的各種飲料，既含摻有人參、鹿茸、靈芝的高級飲料，也含摻有茯苓、黃芩、蜂蜜、阿膠的中、低檔飲料。特製的菜單中還告訴顧客每種飲料的功效，顧客可以根據自己的情況各取所需。喝了這種色、香、味具佳的飲料，能使人興奮舒暢、精力充沛、祛病延年，因此吸引了成千上萬的顧客，這種情況是東京其他中藥行或茶社所望塵莫及的。兩個月以後，電視台和報社也絡繹不絕的前來採訪，索要中藥訂貨和配方的信件雪片似的向該店飛來，伊倉中藥行多年來的存貨很快就銷售一空。

競爭是產品的較量。從制定計畫到售出產品，最難的是市場上的短兵相接。如何解決這個至難的問題？出奇制勝就是不可不知的商道。

賣的智慧

越「怪」的產品人越愛。

5 打造品牌，品牌就是賣點

品牌建設的落腳點更應該是產品品牌而不是公司品牌。沒有產品品牌，就別奢談公司品牌。即使是對大公司而言，產品品牌仍然比公司品牌更重要，全球五百強公司也都是靠優秀的產品（或服務）站住腳的。小公司雖然無法與大公司相提並論，也需要根據自己的實際制定相應的品牌管理策略。可供選擇的品牌策略主要有以下三種：

（1）借用品牌策略

借用品牌，或稱商標許可，一般是指生產者經特許或被要求使用經銷商或者同類產品製造商的品牌。對小公司來說，借用品牌也不失為一種好的策略，這主要是基於：小公司產品沒有自己的品牌，且不足以承擔建立品牌要付出的成本——包裝費、標籤費和法律保護費等費用。為了本公司的產品能較快的打開市場，公司可以「借雞生蛋」，借用具有較高聲譽的中間商或者生產同類產品的其他製造商的品牌。

那麼，公司是借用製造商品牌還是經銷商品牌，或是兩者兼有呢？這倒沒有定論，關鍵是看何種方式更有利於公司的產品占領市場。在實際運行中，這幾種方式均得到普遍運用。麥克斯製衣公司使用的是皮爾卡登的特許品牌；西爾斯連鎖店將許多製造商的產品標上自己的商店品牌進行銷售；惠而浦公司生產的產品中則既有自己的品牌，又有中間商的品牌。這些企業對自己的品牌決策的效果均感到滿意。

借用經銷商的品牌對公司來說，有許多好處：

① 經銷商控制著大量眾多而分散的零售點，自成體系掌握流通；而製造商特別是小廠商很難以自己的品牌打入零售市場。

② 經銷商直接面對消費者，因而十分重視品牌的聲譽，容易贏得廣大消費者的信任。

③ 經銷商的廣告及倉儲成本低、行銷費用少，因而品牌攤付費用低、價格便宜，這會受到對價格敏感的消費者的歡迎，同時又能保證利潤。

④ 大型經銷商可以控制零售商品的陳列與銷售，將自己品牌的商品陳列在最好的

位置上，能夠影響消費者的購買行為，較好的促進自己品牌產品的銷售，同時有效削弱製造商的品牌競爭優勢。

（2）自創品牌策略

小公司從創業之日起就在創造自己的品牌，或實力壯大到一定程度時，採取自創品牌的策略，也即產品品牌化的決策。

公司自創品牌有很多好處：可以使銷售者比較容易處理訂單並能夠及時發現問題；品牌名稱或商標可以受到法律保護，減少被競爭者仿製的風險；可以為公司吸引更多忠實顧客，便於顧客辨認和選購商品，有助於顧客建立品牌偏好；有助於本公司細分市場；卓越品牌還有助於建立良好的公司形象。

公司有了自創品牌後，對生產多種產品的公司來說，又面臨著進一步的抉擇：是所有的產品採用單一品牌策略，還是對不同產品分別制定品牌策略呢？

使用單一品牌策略，有許多成功範例。日本 SONY 公司總裁盛田昭夫深諳此道，他將所有新的電子產品皆冠之以「SONY」牌，產品一上市即得到消費者認可，因為「SONY」品牌已在消費者心中建立起品質可靠、功能先進的良好形象，形成了極強的品牌忠誠度，這使 SONY 公司在中期發展階段迅速擴充實力，不斷占領、開發市場，一舉成為世界五大公司之一。日本本田汽車公司在產品成功之後，也是利用「HONDA」的單一品牌推出了摩托車、割草機、鏟雪車等多種產品，使公司規模得到迅速的擴大。採用單一品牌策略的好處是顯而易見的，它可以利用現有品牌的知名度、品牌形象與忠誠度，不需要為新產品建立品牌花費大量廣告、宣傳等促銷費用，消費者很容易知道新產品，並且將其與原有品牌形象聯繫起來，從而為公司省下大量的行銷費用，縮短上市時間。

但是單一品牌策略，也有不足之處：

① 要求公司的各種產品等級基本統一，有較為相近的品質。

② 新產品可能會淡化原有品牌效益，消費者可能會懷疑該品牌品質下降或是否還能維持其特色水準，從而影響了購買行為。

③ 如果新產品與原有品牌產品之間過於相似，又會產生替代現象，實際銷售量此消彼長，並無明顯增加。

④ 如果新產品失敗，可能會影響已建立起來的良好品牌形象，並連累到原有產品行銷。

公司對不同的產品還可以採用不同品牌策略，不但可以克服單一品牌策略的不足，而且也可以達到其他目的：

①針對不同購買動機，或者產品在樣式、款式、口味上的差異確定相應貼切而富於感染力的品牌，有利於在消費者心目中形成個性化的特色，從而激發更多消費者接受和購買。如花王公司的洗髮乳有五種品牌，寶僑公司的洗衣粉有九個品牌，每個品牌都有自己的忠誠者與偏愛者，共同構成了對各自公司產品的購買族群。

②可以用新品牌作為防衛性品牌，來保護主要品牌不受到攻擊。給新產品確定新品牌，一方面可以顯示與原有產品的區別，另一方面一旦新產品失敗，也可避免對原有品牌產生連累反應。這就克服了單一品牌策略的弱點。如日本精工錶公司的高級錶「精工拉薩爾」在市場上地位十分穩固，為了對其進行保護，同時又要開發新市場，該公司將低價位錶分別命名為「阿爾巴」和「帕薩」。高級與低價位產品各自在不同市場上創業，互不干擾。

③當一個公司在競爭中取得勝利，併購了競爭對手的品牌後，為了保持該品牌的一批偏好者，往往需要繼續保留這一品牌，而無須將本公司的品牌強加之上，這樣既得到了品牌，又得到了品牌的固有效益，從而真正占領對手的市場。在

兩個或多個公司合併、合作的情況下，也可採取相似的策略，即保持原有各品牌的特性以及它們所能影響的市場。

④ 企業生產與現有品牌完全不同類型的新產品，把這一品牌用於新產品不太適宜了。比如，某公司的「火焰山」牌廚具已有很高知名度，現在新開發冰箱和冷氣。若把「火焰山」作為冰箱和冷氣的品牌名稱，其銷路可想而知了。

（3）無品牌策略

當然，無品牌也就無法取得品牌效益。無品牌也就可以節省大量的品牌創立費用投入，從而可以使產品以價格低廉取勝，同時也能獲得滿意的利潤。對絕大部分產品而言，公司固然需要採取借用品牌策略或自創品牌策略，但有些中間產品和簡易產品，公司可以採取無品牌策略。

不需要品牌的產品主要有：

① 大多數未經加工的原料產品，例如，棉花、石油、大豆、礦石等產品，大多是作為原料使用的，並不需要品牌。

② 產品不因為生產商的不同而形成明顯差異的情況，如鋼材、煤炭等，雖然因產地與生產商的不同可能造成產品質地的高低差異，但是產品的功用、性能用途

不會有明顯差別。

③ 消費者已習慣不用品牌的商品，特別是一些不太發達的地區，消費者對稻米、蔬菜、食用油等產品的性能看得非常重要而不太在意彼此差異，且選擇面不廣。生產公司不創立品牌，可以減少生產成本、降低價格，從而使產品更易被這些消費者接受。

④ 公司規模小，無力支付因創立品牌而花費的大筆行銷費用，因而在短期內以為經銷商製造產品為主，不考慮建立品牌。

⑤ 生產簡單、包裝簡易、不太昂貴的商品，如紙巾、信封等小商品的生產公司，它們提供標準品質或品質要求較低的產品，消費者對品牌的差異並不在意，很難形成對某一品牌的忠誠度與偏好。

⑥ 臨時性或一次出售的商品，往往因為時期短而不需要有品牌。

總之，品牌是一種名稱、標記、符號或設計，或是它們的組合運用，其目的是以辨認某個（或某群）銷售者的產品或服務，並使之和競爭對手的產品或服務區別開來。從外觀上看，品牌構成的三要素是技術、品質、服務；而從內在來看，品牌必須由公司精神、機制、作風來支撐，其核心是公司理念。

賣的智慧

品牌就是品質，就是服務，就是信譽，就是賣點。

6　提高技術才會得到好產品

現代商業的競爭核心是技術。商家競爭的成敗在很大程度上取決於產品的技術，只有高科技，才能在市場上得到消費者的認可。

現代科學技術的發展，使產品經濟壽命不斷縮短。過去要幾十年或幾年才更新一次的產品，現在可能只要幾個月。就連高技術的電腦行業，也幾乎是幾個月就更新一代。這種日新月異的變化，給公司的創新技術帶來了「威脅」——新產品加速老化，或許公司還沒來得及輕鬆品嘗一下自己創新的甘甜，創新利潤就已經消失了，因為市場競爭終究是無情的。因此，企業只有透過永續的技術創新，利用新技術來延長產品的壽命，才能提高產品的市場應變能力。

企業的成與敗就在於新技術的用與棄上。事實證明，使用新技術可以使企業勃然興起，是企業公司迅速強大的捷徑。

萊雅是法國一家生產護髮劑和化妝品的公司。過去，它在同行業中一直鮮為人知，屬於那種普普通通的「末流」公司。然而在公司總經理戴爾的帶領下，萊雅不斷的進行技術創新，如今已成為世界第三大化妝品製造公司，它的營業額僅次於美國的雅芳和日本的資生堂公司。

萊雅公司在研製新產品方面勇於投入。總經理戴爾是一個思想敏銳、管理嚴謹、作風潑辣的人。為開發新產品，他常常和部下在會議室裡「爭執」。他也經常鼓勵員工要勇於向其主管上司提異議。萊雅公司在研究出一種新配方時，先用兔子、老鼠、假髮甚至手術刀切下的皮膚來做實驗。為了實驗染髮劑在世界各地各種氣候條件下的使用效果，他們在實驗大樓內設立了「赤道陽光」、「英國濃霧」、「北極寒冬」等類比環境來進行產品的「臨床試驗」。像這樣耗資驚人、設備先進、人才一流的研究開發，一般化妝品公司不敢跟進，同時也捨不得投入這麼多資金。此外，萊雅還採用與美國研究月球地形設備相同的儀器，來研究人類臉部皺紋產生的情形。

由於萊雅公司注重利用新技術，所以它的一種新定型噴霧剛一上市，立即就享譽市場，連最挑剔的美容師也讚不絕口。

萊雅公司就是靠技術來提高其產品的應變力，後來居上，由「末流」公司成為世界一流的化妝品公司的。愛迪達公司的壯大也是因為不斷提高技術層面。

某天，愛迪達公司發現足球鞋的重量與運動員的體力消耗關係極大：在每場一個半小時的比賽中，平均每個運動員在球場上往返跑一萬步。如果每隻鞋減輕一百克，那麼，就可大大減少運動員的體力消耗，提高他們的運動能力。

愛迪達創始人阿道夫·達斯勒經過觀察，發現半個世紀以來，足球鞋的重量很難減輕，主要原因是保留了足球鞋上的金屬鞋尖。而在每場比賽中，就是最能拼殺的前鋒，可能踢觸到足球的時間，也只有四分鐘左右。

「怎麼樣才能把鞋的重量再減輕一些」成了阿道夫·達斯勒整天思考的事。據說阿道夫為此整天吃不好飯、睡不好覺，直到晚上還是迷迷糊糊，想著跑鞋減輕重量的事。

經過反覆的研究，他們果斷去掉了鞋上的金屬鞋尖，設計出了比原來輕一半的新式足球鞋。這種鞋一投放市場就立即受到好評，足球運動員和足球愛好者們爭相購買。

一九五四年，世界盃足球賽在瑞士舉行。愛迪達公司抓住開賽前的機會，深入到運動員中間，廣泛的聽取運動員的意見和要求後，非常迅速的研製出一種可以更換鞋底的足球鞋。

決賽那天，伯恩的萬克多夫體育場上一片泥濘，賽場上的匈牙利隊員奔跑起來非常費勁，而穿著愛迪達公司生產的新球鞋的德國隊員，卻依然雄姿勃勃、健步如飛。比賽結果，德國足球隊第一次登上了世界冠軍的寶座。

就這樣，愛迪達的活動釘鞋一下子又成了人們的搶手貨。

三十多年來，愛迪達公司開發了一種又一種受人歡迎的產品：橡皮凸輪底球鞋，適合冰雪地、草地、硬地比賽的各類球鞋；一九六〇年代研製出來的以塑膠代替皮革的球鞋；一九七〇年代投產的用三種不同硬質材料混合製成鞋底的球鞋；一九八〇年代初生產的新式田徑運動鞋，這種鞋的鞋釘螺絲可以根據比賽場地和運動員的體重、技術特點、用力部位而自行調節。

早在一九七八年，僅足球鞋一類，愛迪達公司在世界各地所獲得的專利就達七百多項，經過幾十年的苦心經營，愛迪達公司從一個僅有幾十名員工的小工廠發展成為一家跨國公司。

要想占有市場，必須時刻加強技術，不斷的改進產品，牢牢的吸引顧客，不斷的拓展市場，以適應顧客的需求，否則只能是被淘汰出局。市場競爭終究是無情的，只有透過不懈的技術創新，才能提高產品的市場應變力。

運用技術獲取市場的方式有以下三種：

① 技術使用的用途拓寬，如杜邦公司將用於戰爭的火藥改進為建設中使用的爆炸包，將戰爭中用的尼龍傘變成了平時使用的尼龍襪。

② 技術使用的空間範圍的拓寬，如新市場上賣的產品，新瓶裝的酒，已開發國家的小汽車向開發中國家輸出。

③ 時刻把握技術發展趨勢，在技術上延伸——即不斷進行技術創新，運用技術，力爭產品在技術上領先，這才是從根本上獲得永久競爭力的方法。

企業的成與敗就在於新技術。事實證明，使用新技術可以使公司勃然興起，這是公司迅速強大的捷徑。

賣的智慧

要想占有市場，必須不斷的提高產品的技術。

7　與時俱進的產品不落後

時代在變，事物和人們的思維也同時都在改變，唯有能夠隨著時代潮流靈活應變的產品，才能成為市場上的搶手貨。

面對日益激烈的競爭現狀，企業無不把創新作為安身立命的法寶。無論是技術創新、管理創新，還是企業文化創新，都離不開思維的創新。

社會生活的發展變化，不斷要求企業適應社會的發展。如果一個企業始終生產一種產品，即使這種產品是一種王牌，也會逐漸失去自己的市場。這就要求經營者懂得與時俱進。

下面這個案例就說明了這一點：

早年，奧爾．科克．克里斯提安森接受了工業協會的建議，開始生產家用產品，並做出了具有決定意義的改變——將他的木頭再製工廠的產品定位於玩具。他的決定受到了家人和一些朋友的反對，當時大多數人並沒有認識到兒童玩具的重要性。但是克里斯提安森先生認為玩具始終是孩子最重要的夥伴，無論何時，孩子都不能沒有玩具。事實證明，他的遠見卓識是非常正確的。但在玩具的具體生產設計中，克里斯提安森卻犯了一個低級錯誤：他想要設計出經典的玩具樣品，於是就找來曾經紅極一時的玩具模型作參考。可那些玩具現在已經無法滿足兒童們的胃口了，克里斯提安森的玩具雖然是新型產品，但是與那些玩具非常相似，投入市場後反應非常冷淡，這讓他賠了不少錢。

世界是變化的，任何一種產業都在不斷改良以適應市場不斷改變的需求，成功的人總是用自己獨到的眼光去發現別人未做過的事業，他們往往成功得最快、最直接。

創業成功的高手不愛跟隨在別人的屁股後面走，而是勇於探索、大膽創新、另闢蹊徑打造出不同以往的產品，才能在市場上暢銷，才能在商業上取得成功。

克勞斯是天生的生意人，他說：「我從小就討厭從事一個普通的職業，因此一直沒有工作。而我說過，其實我能做任何工作——甚至做霜淇淋。」於是，這位賓州大學的學生入學後在宿舍裡做霜淇淋。不久，同校的兩個朋友科恩和希爾頓也加入了。

於是，克勞斯賣掉大部分債券自己作投資，並拿出他高中時挨家挨戶上門推銷淨水器時賺的六萬美元，和他們合夥開了這家公司。經過市場調查，克勞斯發現，霜淇淋的口味已經二十年沒有變化，他敏銳的覺察到，這是為他們創業提供了一個很好的空間。他採納了啤酒商山繆爾．亞當斯的建議，使用啤酒釀造技術製作口味奇特的霜淇淋，他與當地的乳酪廠聯絡，由他們提供特製的乳酪。

由於口味的創新，使這家小型的霜淇淋公司很快吸引到了風險投資。結果新產品一上市就供不應求。它的風味很快就成為一種飲食時尚，風行歐美及世界各地。

一個人能否創業成功、他的公司能否在市場上站穩腳根，關鍵就看他是否具備創造力。企業的首要創造力就表現在產品的創新方面，產品創新主要包括產品開發、產品的更新速度及產品的品質和水準。

積極開發新產品，是保證公司取得競爭優勢、使公司立於不敗之地的基礎。市場是公司生存的客觀條件，公司要生存和發展，就要不斷擴大和開闢新的市場，要做到這一點，離開了產品開發是根本辦不到的。公司只有不斷開發新產品，做到「人無我有，人有我優，人優我廉，人廉我轉」，才能在市場競爭中處於主動地位。

賣的智慧

不斷變化的產品才能吸引消費者。

8 開發產品有原則

產品推向市場以後，是真正憑藉實力說話的時候。消費者是否認同你、是否買你的產品，是任何人都不能左右的，他們的選擇決定了企業的生死。產品開發要取得成功，要能在市場上取得競爭勝利，就必須遵循以下原則：

原則一：人無我有，人有我新，人新我好

產品開發要取得成功，要能在市場上取得競爭勝利，就必須做到「人無我有，人有我新，人新我好」。所謂「人無我有」，就是別人沒有的產品或品項，我能開發、生產。所謂「人有我新」，就是別人有的產品或品項，我不僅有，而且與人之相比具有新規格、新花色、新樣式、新功能等，即具有新穎性、創新性和新特點。所謂「人新我好」，就是別人的產品也新，但是我的產品不僅新，而且品質好、經久耐用、功能齊全、服務周到。

公司競爭突出的表現為爭奪消費者、爭奪市場的競爭。誰勝誰負，誰處於主導、有利地位，取決於競爭雙方產品的情況，取決於產品對消費者的滿足程度。因此，公司競爭的集中表現在產品上，其勝負取決於競爭雙方各自產品能否在品項、規格、花色、樣式、品質、服務等方面滿足消費者需求。

產品的有與無、新與舊、好與壞以及有與新、新與好，都是相對的，並且是可以相互轉化的，是競爭雙方矛盾統一的表現。競爭矛盾雙方，一方有另一方無，有的一方就占優勢，就能取得競爭勝利；一方有另一方新，新的一方就占優勢，就能掌握競爭的主動權；一方新另一方好，好的一方就占優勢，就能占據競爭的有利地位。因此，公司進行產品開發和市場競爭一定要使自己的產品形成特色和優勢，以己之長克人之短，這樣才能取得成功。

原則二：人棄我予，人取我棄

產品開發要面向市場，要積極參與市場競爭。關起門來從事開發，不考慮市場、不顧及競爭，注定是要失敗的。產品開發，必須要有正確的競爭觀念和靈活機動的競爭策略，必須要懂得棄與取的辯證關係，把握棄與取的時機。

棄與取是市場供求矛盾變化和競爭雙方矛盾變化在經營對策上的反映。當市場上出現對某一種產品的需求時，有眼光的公司應看準時機，搶在別人的前面盡快開發、生產出這種產品，及時投入、占領市場。當許多公司都競相開發、生產這種產品並投入市場時，在獲利減少到一定程度的情況下，又應及時放棄生產這種產品，轉而開發、生產別的產品；或者當一開始就有許多公司開發、生產這種產品時，就不進行這種產品的開發和生產。這就叫「人取我棄」。當市場上出現對某一種產品的需求，且別的公司無力開發或無意開發，或對效益估計悲觀不願開發時，如果本公司有力開發且有效益，就應積極開發，發揮自己優勢。另外，當許多公司都放棄某種產品開發、生產後，市場重振，又有利可圖時，公司可東山再起，再次進行該種產品的開發、生產。這就叫「人棄我取」。

棄與取是對立的統一。棄是為了取，暫時的棄是為了將來的取，少棄是為了多取。只取不棄，不僅取不到還會棄，暫時取到了將來也會棄。但是只棄不取是無任何意義的。棄與取都是有條件的、相對的和可轉化的。辯證的看待棄與取，棄不一定就是不好，取就一定是好。在一定情況下，棄可以避免損失，換來今後的獲利；但是在另外情況下，棄就等於放棄有利時機、放棄效益。對於取，道理也是一樣的。總之，公司進行產品開發，要根據市場實際及自身條件和優劣勢，採取靈活的策略戰術，宜取則取、宜棄則棄，適時取、適時棄，以我予對人棄，以我棄對人予。這既是管仲的經營之道，也是當今企業的取勝之道。在產品開發上，要切忌跟著別人腳步走，或消極的跟著市場轉，亦步亦趨，大家都做我也做，大家不做我也不做，這樣注定要失敗。

賣的智慧

人無我有，人有我新，人新我好；人棄我予，人取我棄。這樣的產品一定有人買。

9 價格越低，離顧客越近

許多人認為，產品的價值對顧客而言，等於品質加價格。由於人們對價格十分敏感，價格策略已成為市場銷售的關鍵因素。

產品的價格與產品的品質與定位等因素都有極大的關係。通常來說，產品的定價策略有九種：優質優價、優質中價、優質低價、中質高價、中質中價、中質低價、低質高價、低質中價、低質低價。

顧客總是希望購買物有所值、物超價值的商品。因此，消費者對商品的要求是：品質滿意、價格合理。

企業在競爭中，為了打敗競爭對手、占領更多的市場或者設法打進某一市場時，常常採用優質低價這一競爭力強的策略。日本企業就曾以低廉價格的產品擠進了美國市場。日本Panasonic公司曾經說過：「我們的產品要像自來水一樣便宜，讓每個人都能享受得到。」這就是一種價格策略。

在產品的價格策略中，還有產品定位的原則和方法，產品的目標市場在很大程度上決定了產品的價格定位。

一九七〇年代的美國消費者更看重名牌，一些名牌企業沉醉於其產品的知名度，而忽視了產品創新和價格與品質的關係，變得自鳴得意。當時各個企業管理者中流行這樣的看法：我的名牌產品在廣告支出上，比非名牌要多得多，價格自然要高。消費者使用名牌時只是覺得價格昂貴，並未感到它在品質上與非名牌有多大差別。

一九八〇年代後期，消費者終於被激怒了。他們對名牌不再追逐，他們不再以擁有某種品牌而自豪，往往轉向尋找替代品。美國的企業家們才意識到了名牌策略的誤區，又返回到使品牌「物有所值」的老路上。

在當前市場經濟中，各商家為了爭奪市場，各種手段層出不窮。在每種成功的競爭手段背後，這個組織必定是經過了一番苦練內功，讓自己公司生產出來的商品物美價廉，才能贏得市場競爭中的勝利。

美國的吉列公司在產品品質和價格的關係上做得非常好。吉列公司以生產刮鬍刀而聞名於世界各地。雖然它是一件很普通的小商品，公司並不因此而輕視它。這個公司從未放鬆過新產品的創新，它一方面不斷推出新產品，一方面奉行「不定價過高」的原則，並採取與消費品價格指數結合的方法，每天追蹤一些價格在十美分到一美元之間的日常消費品的價格，使自己的刀片漲價幅度永遠不超過這些日用品的價格漲幅。

吉列公司對產品價格的正確定位，使他們的產品「物美價廉」、「薄利多銷」，這才是真正的世界名牌的價格經營策略，在這個方面值得我們學習。

賣的智慧

物美價廉，薄利多銷。

第二章　好產品就是行銷力

第三章　賣得好，還需口才好

產品要想賣得好，不僅僅是產品好，還需行銷人員口才好。行銷人員如何才能說得顧客口服心服，關鍵在於兩個字：口才。

GOOD PRODUCT

1 生意是說成的，賣從「嘴」開始

銷售活動是一種充滿智慧的活動。溝通已成為銷售活動中打開局面的制勝法寶！銷售從「嘴」開始，你若不會表達，縱有滿腹經綸，想說服顧客也是十分困難的。歸根結柢一句話：「生意是說成的。」

貝吉爾是美國頂尖的保險銷售人員之一，而他之所以能做得這麼好，是因為他有一副很好的口才。

有一次，貝吉爾去見一位準顧客，這位準客戶正考慮買二十五萬美元的保險。與此同時，有十家保險公司提出角逐競爭，尚不知誰能成功。

貝吉爾見到他時，對方立即道：「我已麻煩一位好朋友處理，你把資料留下，好讓我比較一下哪家便宜。」

貝吉爾說：「我有句話要真誠的告訴您，現在你可以把那些計畫書都丟到垃圾桶裡。因為保費的計畫基礎都是相同的起點，任何事都是一樣的。我來這裡就是幫助您做最後的決定。以銀行貸款二十五萬美元而言，受益人當然是銀行，而您的健康才是最重要的。不用擔心，我已幫您約公認最權威的醫生，他的報告每一家保險公司都接受，何況做二十五萬美元保金的高額保險的體檢，只有他才夠資格。」

對方說：「我還需要考慮幾天。」

貝吉爾說：「當然可以，但是如果您患了感冒，您可能會耽誤三天，時間一拖，保險公司甚至會考慮再等三四個月才予以承保。」

對方說：「哦，原來這件事有這麼重要！貝吉爾先生，我還不曉得你到底代表哪家保險公司？」

「我代表客戶！」貝吉爾在迅雷不及掩耳的積極行動下，順利的簽下一張二十五萬美元的高額保險，他所憑藉的利器就是他完美的口才。

喬．庫爾曼，幼年喪父，十八歲那年他成為一名職業球手，後來因手臂受傷，只得回家做了一名壽險銷售人員。二十九歲那年，他成為美國薪水最高的銷售人員之一。到目前為止，在二十五年的銷售生涯中，他銷售了四萬份壽險，平均每日五份，這使他成為美國金牌銷售人員。

他深知口才的魔力，就有意識的鍛鍊了一副好口才。剛開始銷售時，他遇見了羅斯，一家工廠的老闆，工作繁忙，很多銷售人員都在他面前無功而返。

庫爾曼：「您好，我叫喬．庫爾曼，保險公司的銷售人員。」

羅斯：「又是一個銷售人員。你是今天第十個銷售人員，我有很多事要做，沒時間聽你說。別煩我了，我沒時間。」

庫爾曼：「請允許我做一個自我介紹，十分鐘就夠了。」

羅斯：「我根本沒有時間。」

庫爾曼低下頭用了整整一分鐘時間去看放在地板上的產品，然後，他問羅斯：「您做這一行多長時間了？」

羅斯回答道：「哦，二十二年了。」

庫爾曼問：「您是怎麼做這一行的？」這句有魔力的話在羅斯身上發揮了效用。他開始滔滔不絕的談起來，從自己的早年不幸談到自己的創業經歷，一口氣談了一個多小時。最後，羅斯還熱情邀請庫爾曼參觀自己的工廠。那一次見面，庫爾曼沒有賣出保險，卻和羅斯成了朋友。接下來的三年裡，羅斯從庫爾曼那裡買走了四份保險。

作為銷售人員，最怕對方不開口，而庫爾曼憑藉自己的好口才打開了拒絕者的話匣。

庫爾曼有位朋友是費城一家再生物資公司的老闆，他從庫爾曼手中買下自己人生第一份人壽保險。他總結出了庫爾曼的成功祕訣：「他對我說的那些話，別的銷售人員都說過。他的高明之處在於不跟我爭辯，只是一個勁兒的問我『WHY』。他不停的問，我就不停的解釋，結果把自己給賣了。」

「我解釋越多，就越意識到我的不利，防線最終被他的提問衝垮。不是他在向我賣保險，而是我自己『主動』買。」

還有，斯科特先生是一零食食品店的老闆。庫爾曼透過一番提問，向他銷售了自己所在保險公司有史以來最大的一筆壽險：六千六百七十二美元。

下面是兩人的對話紀錄：

庫爾曼：「斯科特先生，您是否可以給我一點時間，為您講一講人壽保險？」

斯科特：「我很忙，跟我講壽險是浪費時間。你看，我已經六十三歲，前幾年我就不再買保險了。兒女已經成人，能夠好好照顧自己，只有妻子和一個女兒和我一起住，即使我有什麼不測，她們也有錢過舒適的生活。」

若是換了別人，斯科特這番合情合理的話，足以讓他心灰意冷，但是庫爾曼不死心，仍然向他發問：「斯科特先生，像您這樣成功的人，在事業或家庭之外，肯定還有些別的興趣，比如對醫院、宗教、慈善事業的資助。您是否想過，您百年之後，它們就可能無法正常運轉？」

斯科特沒說話，庫爾曼意識到自己的提問問到了重點，於是趁熱打鐵的說下去：「斯科特先生，購買我們的壽險，不論您是否健在，您資助的事業都會維持下去。七年之後，假如還在世的話，您每月將收到五千美元的支票，直到您去世。如果您用不著，您可以用來完成您的慈善事業。」

聽了這番話，斯科特的眼睛變得炯炯有神，他說：「不錯，我資助了三名尼加拉瓜的傳教士，這件事對我很重要。你剛才說如果我買了保險，那三名傳教士在我死後仍能得到資助，那麼，我總共要花多少錢？」庫爾曼答：「六千六百七十二美元。」最終，斯科特先生購買了這份壽險。

可見好口才造就了庫爾曼這位美國金牌銷售人員。在商業活動中，一個人的談話或陳述，在許多情況下具有多層含義。要確切了解對方的意思，只有善於察言觀色、隨機說話，才能從對方的話裡捕捉到對你有用的資訊。

賣的智慧

好口才給你的銷售業績加分。

2 花言巧語，促進行銷

優秀銷售人員馬休說：「一句話說得讓人家跳，一句話說得讓人家笑。」同樣是一句話，如果採取了不同的說法，效果也大不相同。在一次銷售中，食品銷售人員馬休本想以老套話術「我們又生產出一些新產品」來開始他的銷售談話，然而他馬上意識到這種做法是錯誤的，因此他便改口說：「班尼斯特先生，如果有一筆生意能為你帶來一千兩百英鎊，你會感到有興趣嗎？」

「我當然感興趣了，你說吧！」

「今年秋天，香料與食品罐頭的價格最起碼能夠上漲百分之二十。我已經算好了，今年你能出售多少香料和食品罐頭，我告訴你……。」

然後他就把一些資料寫了下來。多少年來，他對顧客的生意情況非常了解，同樣的，這次食品老闆班尼斯特先生又跟他訂了一筆很大的貨，而且全部都是香料與食品罐頭。

銷售人員在銷售各類商品的時候必須要說動買方，只有說動買方才能賣掉更多的商品，自己才會取得傲人的業績。

某家公司一次在舉辦化妝品展覽會時，有幾位年輕的行銷人員利用十分專業的術語詳細向消費者介紹了公司化妝產品的原料、配方、性能及使用的方法，他們在回答消費者問題時反應快，對答如流，不僅彬彬有禮而且幽默風趣，這給人們留下了一個好印象。

消費者問道：「你們的產品真的像廣告上說的那樣好嗎？」一位行銷人員立即回答道：「在您試過之後就會感覺比廣告上說的更好。」

消費者又問：「如果買回去，用過以後感覺不那麼好怎麼辦？」另一位行銷人員笑著說：「不，我們相信您的感覺。」

由於行銷人員運用巧妙的語言說動了消費者，使這次展覽會獲得很大成功，不僅產品銷量超過以往，更重要的是產品品牌的知名度大大提高。在公司召開的總結會上，公司經理特別強調，是行銷人員語言訓練有素促成了這次展銷活動。他還要求公司全體人員應該像行銷人員那樣，在「說話」藝術與技巧上面下工夫。

語言是人與人之間交際的一種工具。人們也正是透過語言進行思想與感情交流，而保持了和諧的關係。對於行銷人員來說，語言是和客戶溝通的媒介，一切行銷活動首先是透過語言建立起最初的聯繫，從而使得行銷活動不斷進展，最終達到行銷的目的。因此，語言交流是行銷活動的開端，這個頭開得好不好，直接關係到行銷活動的成敗。通常說來，說話要說到恰到好處，才能夠拉近自己與客戶的距離，這樣生意就容易做成。

有一位行銷人員到一家購物中心銷售產品，接待他的正是購物中心副經理，對方一開口，這位行銷人員馬上說：「聽口音，您是高雄人。」副經理點點頭，問道：「難道您也是高雄人？」這位行銷人員笑著回答：「不，但是我對高雄很有感情，一聽到高雄口音就感到非常親切。」副經理很客氣的接待了這位行銷人員，生意談得也很順利。如果行銷人員說話不得體，甚至讓人覺得不好接受，剛一接觸印象就不好，那麼也自然就談不上能夠與之洽談生意了。作為一名合格的行銷人員，由於所從事職業的關係，說話需要做到掌握好分寸，說什麼樣的話、什麼時間說、如何說，都要有職業特點才行。

語言交際可以說是一種建立在心理接觸基礎上的人際交往，因此心理因素對於語言交際的影響最大也最為關鍵。行銷人員在同客戶進行交談時，一定要注意使自己的語言與對方的心理相貼近，盡可能的消除由於心理障礙造成的隔閡。這是因為人們對事物的接受，首先應該是心理層面的接受，所以說把話說到人的心裡，事情才更容易辦。一位消費者怒氣沖沖的拿著一雙有問題的皮鞋來到了購物中心。正值鞋廠的行銷人員到購物中心了解鞋的銷售情況，他聽完這位消費者的申訴後，馬上說了一句：「你現在的心情我十分理解，如果我買了這樣的鞋，我也會氣成這樣。」行銷人員的這句話使得那位消費者火氣消了一半，從先前的執意堅持退貨到最後答應再換一雙。

在行銷活動中，有時候把話說得委婉一些、詼諧一些，就很有可能比直截了當的說效果會更好。一位行銷人員在市場上銷售滅蚊劑，他滔滔不絕的演講吸引了一大堆顧客。突然有一人向他提出一個問題：「你敢保證這種滅蚊劑能把所有的蚊子都殺死嗎？」這位行銷人員機智的回答：「不敢，在你沒噴藥的地方，蚊子照樣會活得很快活。」如此幾句玩笑話使人們在心情愉快的同時接受了他的銷售宣傳，所帶的幾大箱滅蚊劑銷售一空。

幽默語言在行銷活動中不但能夠造成輕鬆活潑的氣氛，而且還能夠為行銷工作創造一個良好的開端。對於幽默話語其實本身就是一種非常具有藝術性的廣告語，如果運用得好，會給人們留下極其深刻的印象，從一句笑話而聯想到某個企業的品牌，實在是一種很好的促銷方式。

行銷人員要用簡單明瞭的語言把盡可能多的資訊傳遞給客戶。不管是談生意還是銷售產品，都要注意突出重點，讓對方能夠聽得懂記得住。如果說起話來顛三倒四、反反覆覆、囉囉嗦嗦、言之無物，當然就會引起對方反感。對於簡潔的語言，不僅是交際的需求，同時也從客觀上反映出了行銷人員業務的熟練程度。

說話要巧妙，要會說。「會說話」指的並不是那些輕浮的花言巧語，而是莊重的語言技巧。「會說話」的人能夠巧妙的打開人與人之間交流的大門，讓對方願意與你交流。總之，行銷語言必須具有一定的藝術性，必要的時候不妨「花言巧語」一番，只要記得掌握好分寸就可以了。

賣的智慧

銷售就是要說動買方。

3　說服對方，關鍵在於說話

銷售，就是要讓對方接受自己。如何才能讓對方接受自己呢？你必須運用語言藝術打動對方的心。

行銷人員面對客戶時，從初次見面的客套話到告辭離開時，是發揮行銷人員能力的

第三章　賣得好，還需口才好

重要時刻，能否說服對方，關鍵在於說話。

生活中有很多人，去逛一次購物中心後，往往買回來許多不必要的東西，原因就是拒絕不了銷售人員的舌燦蓮花，可見口才對銷售人員有多麼重要。

銷售活動是一種充滿智慧的活動。溝通已成為銷售活動中打開局面的制勝法寶！可以說，行銷是面談交易，整個行銷活動中，從接受顧客到解除疑慮，直至最後成交都離不開口才。

有人說，心中有什麼，話中就有什麼。如果說話只是為了表達，那顯然沒有認識到說話的作用和它所能包含的內容。須知話為心聲，才能「話貴情真」。

著名的專業行銷人員波頓在總結引人入勝的說話方式時，列舉了五條說話原則：

第一，清楚的說話。精確的、清楚的發出每一個音節。

為了清晰起見，應該保持平均每分鐘一百五十個詞的語速。不要因為句尾綴接了不必要的語助詞，而影響了一個良好、清楚的表達。

第二，以交談的方式說話。

一個好的說話者會讓你對自己說：「這個說話者不是一位道貌岸然的人，也不是一位煽動家。他（或她）是個討人喜歡、對人平等而且可以信賴的人。」

第三，誠摯的談話。

每一個成功的說話者在他（或她）的聲音中都有一種「火警」的特質，它蘊含的強烈誠摯會刺痛你的脊椎。廣播電台播音員的聲音中是否具備這種特質十分關鍵。比如，正是這種特質和其他因素一起，使溫斯頓．邱吉爾在大不列顛廣播電台的「最美妙時刻」節目中得到了廣大聽眾的信任。

第四，熱烈的談話。

為了啟動你的聲音，你要改變你說話的語速，變化你的音高或調整你的音量。富蘭克林．D．羅斯福的演講好像是一輛觀光巴士：在不重要的地方加速，然後在經過風景名勝的地方放慢速度。

第五，避免「內容華而不實」。

不要因為「嗯……」或緊張的乾咳而使自己的表達大為遜色，摒棄所有矯揉造作的個人風格或手勢，因為這些只會轉移他人對你說話內容的注意力。

賣的智慧

運用語言藝術，打動消費者的心。

4 聽是銷售的禮節

「聽」是一門藝術，也是銷售的禮節，這種藝術和禮節的首要原則就是全神貫注的聽取對方發表高見。

在銷售過程中，談話是在傳遞資訊，聽別人談話是在接受資訊。作為銷售人員，聽人談話並非只是簡單的用耳朵就行了，也不止於用心去理解，還需積極的做出各種反應。這不僅是出於禮貌，同時也是在調節談話內容和洽談氣氛。因此，作為一名銷售人員，在聽的過程中要保持良好的態度：

（1）虛心

銷售的一個主要議題是溝通資訊、聯絡感情，而不是智力測驗或演講比賽，所以在聽人談話時，應持有虛心聆聽的態度。有些人覺得某個問題自己知道的更多，就斷然中途接話，不顧對方的想法而自己發揮一通，這同樣是不尊重對方的表現。他們急於發言，經常打斷對方講話，迫不及待的發表自己的意見，而實際上往往還沒有把對方的意思聽懂、聽完。

在銷售場所，如果你不贊成對方的某些觀點，除非對方是對你無話不談的知心朋友，否則一般應以婉轉的語氣表示疑問，請對方解釋得詳細一點，或者說：「我對這個問題很有興趣，我一直不是這樣認為的」、「這個問題值得好好想一想」，即使你想糾正對方的錯誤，也須在不傷害對方自尊的條件下以商討的語氣說：「我記得好像不是這樣的吧？」、「貴方在以往的銷售中似乎是另一種做法……」如此這般，就足以使對方懂得你的意思了。不必要的爭辯只會打亂雙方和睦的交往氣氛。有時，人們剛剛認識，沒有談幾句就生氣了，常常是由於雙方互不讓步，都想糾正對方的「錯誤」而造成的。

聽比說快，在這些時間空隙裡，應該回味對方談話的觀點、要求，並把對方的要求與自己的願望互相比較，預先想好自己將要闡述的觀點與理由，設想可行的銷售方案。

（2）耐心

就一般交談內容而言，並非總是包含許多資訊量的。一些普通的話題，對你來說知道的已經夠多了，可是對方卻談興很濃。這種時候，出於對銷售對手的尊重，應該保持耐心，不能表現出厭煩的神色。

銷售學家統計指出，我們的說話速度是每分鐘一百二十至一百八十個字，而大腦思考的速度卻是它的四至五倍。所以對方還沒說完，我們早就理解了，或對方只說了幾句話，我們就已知道了他全部要說的意思。這時的思緒容易飛離主題，同時在外表會表現出心不在焉的下意識動作和神情，以至對對方的話語「聽而不聞」。當說話者突然問你一些問題和見解時，如果你只是毫無表情的緘默，或者答非所問，對方就會十分難堪和不快，覺得是「對牛彈琴」。

越是善於耐心傾聽他人意見的人，銷售成功的可能性越大，因為聆聽是褒獎對方談話的一種方式。作為銷售人員能夠耐心傾聽對方的談話，等於告訴對方「你是一個值得我傾聽你講話的人」。這樣在無形之中就能提高對方的自尊心，加深彼此的感情為銷售成功創造和諧融洽的環境和氣氛。因此，聽人談話應像自己談話那樣，始終保持飽滿的精神狀態，專心致志的注視著對方。當然，如果你確實覺得對方講得淡而無味、浪費時間，則可以巧妙的提一些你感興趣的問題，不露痕跡的轉移對方的談興。

（3）會心

聆聽銷售對手說話，不只是在被動的接受，還應主動的回饋，這就需要做出會心的呼應。在對方說話時，你不時的發出表示聽懂或贊同的聲音，或有意識的重複某句你認為很重要、很有意思的話。有時，你一時沒有理解對方的話，或者有些疑問，不妨提出一些富有啟發性和針對性的問題，對方一般是樂意以更清楚的話語來解釋一番的，這樣就會把本來相對含糊的思路整理得更明晰了。同時，對方心理上也會覺得你聽得很專心，對他的話很重視，會有「酒逢知己千杯少」之感，話題也會談得更廣、更深，更多的展現他的內心。

在洽談中，聽者應輕鬆自如、神情專注，隨著對手情緒的變化而伴之以喜怒哀樂的表情。透過一些簡短的插話和提問，暗示對方自己確實對他的談話感興趣，或啟發對方引出對你有利的話題，當對方講到要點時，要點頭表示贊同。點一點頭，這就是發出一種訊號，讓對方知道你在聽他講話，對方當然會認真的講下去。不管你是否意識到，你的表情總是在做出自然的呼應。眼睛凝視著對方，表示你對他的話感興趣，而若東張西望則顯得心不在焉；有些人會下意識的看看手錶，這可能意味著不想再聽下去了。當然，如果你確實有事想脫身，這倒是一種使人心領神會的暗示。

真正的銷售人員必須是一個好的聽眾，我們在銷售商品時，常常錯誤的認為滔滔不絕才是銷售，才能顯出自己的伶牙俐齒。其實，最高明的銷售人員恰恰在於多聽少說。

賣的智慧

真正的銷售人員必須是一個好的聽眾。

5 老老實實的說，最動人心

真誠是銷售的第一步。真誠、老實是絕對必要的。千萬別說謊，即使只說了一次，也可能使你信譽掃地。如果你自始至終保持真誠的話，成交就離你很近。

俗話說：「老王賣瓜，自賣自誇。」有些銷售人員卻不真誠，總愛竭盡所能，把自己的商品吹得天花亂墜，並自以為這才是銷售的本事。其實，顧客對這樣的銷售人員是很反感的。相反，如果銷售人員能真誠坦言商品缺陷，更能贏得顧客的好感和信任。

「人無信不立」，答應別人的事情要盡心盡力的去做，自己力所不及的就不要承接下來。不要為承擔了一些力所不及的工作來嘩眾取寵，從而輕易承諾別人，卻不能如約履行，這樣很容易失去別人對你的信賴。商場上，除具備敏銳的洞察力、睿智的頭腦外，關鍵時候還需一顆真誠的心。做生意並不一定要有三寸不爛之舌，老實且真誠的說出自己商品的缺點，會使你及你的商品更具魅力。

有個人很擅長做皮鞋生意，別人賣一雙，他往往能賣幾雙。一次談話中，別人問他做生意有何訣竅，他笑了笑說：「要善於說出你商品的缺點。」接下來他舉例說：「有些顧客到你這裡來買鞋子，總是東挑西揀到處找漏洞，把你的皮鞋說得一無是處。顧客總是頭頭是道的告訴你哪種皮鞋最好，價格又適中、樣式與做工又如何精緻，好像他們是這方面的專家。你若與之爭論會毫無用處，他們這樣評論只不過想以較低的價格把皮鞋買到手。你要學會示弱：比如你可以恭維對方確實眼光獨特，很會選鞋挑鞋，自己的皮鞋確實有不足之處，如樣式並不新潮，不過較穩罷了；鞋底是牛筋底，不能踩出篤篤的響聲，不過柔軟一些也有柔軟的好處……你在表示不足的同時也側面讚揚一番這鞋子的優點，也許這正是他們在意的地方，可使他們動心。顧客花這麼大心思不正是顯示了他們其實是很喜歡這種鞋子嗎？」

說出自己商品的缺點，從而滿足對方的挑剔心理，也表現出你的真誠，一筆生意很快就成交了。這就是他的妙招，示弱並不是真示弱，只不過是順著顧客的思路，用一種曲折迂迴的辦法來俘虜對方的心罷了。

賣的智慧

老實且真誠的說出自己商品的缺點，會使你及你的商品更具魅力。

6　尋找客戶感興趣的話題

生意場上投顧客所好來說話是一種非常有效的銷售方法，有時比你說一千句自己銷售產品的好都來得更直接。

張先生是一名天然食品銷售人員。一天，他一如往常把蘆薈精的功能、效用向一位陌生顧客訴說，但是對方對此並不感興趣。正當張先生準備向對方告辭時，突然看到顧客家陽台上擺著一盆精美的盆栽，上面種著紫色的植物。

於是張先生請教對方說：「好漂亮的盆栽，市場上似乎很少見，它是特別品種吧？」

顧客自豪的說：「確實很罕見，這種植物叫嘉德利亞，是蘭花的一種，它的美在那種優雅的風情。」

「的確如此，我想它一定很昂貴？」張先生接著問道。

「是的，僅僅這一盆就要四千元呢！」顧客從容的說。

張先生故作驚訝的說：「什麼？四千元……。」

「蘆薈精也不過就三千元，這個顧客應該可以成交。」張先生心裡暗想，於是把話題重點慢慢轉入了盆栽上，「這種花每天都要澆水嗎？」

「是的，它需要精心的呵護。」

「那麼，您對這盆花的感情應該很深了，它也算是家中的一分子吧？」這位顧客覺得張先生真是有心人，於是開始傳授蘭花的相關學問，張先生聚精會神的聽著。

過了一會兒，張先生慢慢把話題轉入到了自己的產品上：「太太，您這麼喜歡蘭花，您一定對植物很有研究，您一定是一個高雅的人。您肯定也知道植物給人類帶來的種種好處，給您溫馨、健康和喜悅。我們的產品正是從植物裡提取的精華，是純粹的綠色食品。太太，今天就當做買一盆蘭花，把天然食品買下來吧！體會一下天然食品的功效！」結果這位顧客爽快的買下他的產品。

這個故事很值得我們學習。在我們要見一個客戶時，要先透過調查知道他的一些興趣、喜好和經歷，而這些可以作為正式話題之前的引題。千萬不要小看這些話題，兩個人的距離就是憑藉這些拉近，心理的距離近了，其他的就好說了。下面這個故事也說明了這一點：

有一次，愛德華．查理弗為了贊助一名童軍參加在歐洲舉辦的世界童軍大會，亟需籌措一筆經費，於是就前往當時美國一家數一數二的大公司拜會其董事長，希望他能解囊相助。

在愛德華．查理弗拜會他之前，打聽到他曾開過一張面額一百萬美元的支票，後來那張支票因故作廢，他還特地將之裝裱起來，掛在牆上作紀念。

所以當愛德華．查理弗一踏進他辦公室之後，立即要求參觀一下他這張裝裱起來的支票。愛德華．查理弗告訴他，自己從未見過任何人開具過如此巨額的支票，很想見識一下，好回去說給小童軍們聽。董事長毫不猶豫的就答應了，並將當時開那張支票的情形詳細的講給查理弗聽。

查理弗最初並沒有提起童軍的事，更沒提到籌措基金的事，他提到的是他知道對方一定很感興趣的事。

「說完他那張支票的故事，未等我提及，那位董事長就主動問我今天來是為了什麼事，於是我才一五一十的說明來意。出乎我意料之外，他非但答應我的要求，而且還答應贊助五個童軍去參加童軍大會，並要我親自帶隊參加，他負責我們的全部開銷，另外還親筆寫了封推薦函，要求他在歐洲分公司的主管提供我們所需的一切服務。」愛德華．查理弗說。

上面這兩個成功的銷售案例，說明了成功的銷售往往在銷售之外，生活中的輕鬆話題也是你銷售的利器。在平常的銷售中，許多的銷售人員通常是以商談的方式來進行，但是如果有機會觀察銷售人員和客戶在對話時的情形的話，就會發現這樣的方式太過嚴肅了。

所以說對話之中如果沒有趣味性、共通性是行不通的，而且通常都是由銷售人員來迎合客戶。倘若客戶對銷售人員的話題沒有一點興趣的話，彼此的對話就會變得索然無味。

例如，看到陽台上有很多的盆栽，銷售人員可以問：「你對盆栽很感興趣吧？假日花市正在開蘭花展，不知道你去參觀過了沒有？」

看到高爾夫球具、溜冰鞋、釣竿、圍棋或象棋，都可以拿來作為話題。

對異性的流行服飾、興趣和話題也要多少知道一些，總之最好是無所不通。

打過招呼之後，談談客戶深感興趣的話題，使氣氛緩和一點，接著再進入主題，效果往往會比一開始就進入主題來得好。天氣、季節和新聞雖然也是很好的話題，但是大約一分鐘左右就談完了，所以很難成為共通的話題。

對於客戶感興趣的東西，銷售人員或多或少都要懂一些。要做到這一點，必須靠長年的累積，必須努力不懈的充實自己。

6　尋找客戶感興趣的話題

那些成功的銷售人員為了要應付各式各樣的準客戶，經常抽出時間到圖書館苦讀。他們研修的範圍極廣，上至時事、文學、經濟，下至家用電器、菸斗製造、木履修補，幾乎無所不包。正因為有了廣博的知識，才能海闊天空的與客戶談論他們所感興趣的話題，進而使銷售更簡單、更成功。

賣的智慧

生意場上投顧客所好來說話，讓你的銷售更簡單。

7　好的開場白，能吸引顧客

專家在研究銷售心理時發現，洽談中的顧客在剛開始的三十秒鐘所獲得的刺激訊號，一般比之後十分鐘裡所獲得的要深刻得多。在很多情況下，銷售人員對自己的開場白處理得夠不夠理想，幾乎可以決定一次銷售訪問的成敗。比如人們習慣用的一些與銷售無關的開場白：「很抱歉，打攪您了，我……」、「喲，幾日不見，您又發福啦！」、

「您早呀，大清早要去哪裡呀？」、「您不想買點什麼回去嗎？」顧客在聆聽第一句話時集中注意力，獲得的卻只是一些雜亂瑣碎的資訊刺激，一旦開局失利，下面展開的銷售活動必然會困難重重。

好的開場白是銷售成功的一半。在實際銷售工作中，銷售人員可以先喚起客戶的好奇心，引起客戶的注意和興趣，然後道出商品的利益，迅速轉入面談階段。好奇心是人類所有行為動機中最有力的一種，喚起好奇心的辦法可以靈活多樣，盡量做到得心應手、不留痕跡。

為了接觸並吸引客戶的注意，有時可用一句大膽陳述或強烈問句來開頭。

一九六〇年代，美國有一位非常成功的銷售人員喬．格蘭德爾，他有個非常有趣的綽號叫做「花招先生」。他拜訪客戶時，會把一個三分鐘的蛋形計時器放在桌上，然後說：「請您給我三分鐘，三分鐘一過，當最後一粒沙穿過玻璃瓶之後，如果您不要我再繼續講下去，我就離開。」

他會利用蛋形計時器、鬧鐘、二十元面額的鈔票及各式各樣的花招，使他有足夠的時間讓顧客靜靜的坐著聽他講話，並對他所賣的產品產生興趣。

假如你可以把客戶的利益與自己的利益相結合，提出的問題將會受到重視。顧客是向你購買想法、觀念、物品、服務或產品的人，所以你的問題應帶領潛在客戶，幫助他選擇最佳利益。

美國某圖書公司的一位銷售人員總是從容不迫、平心靜氣的以提出問題的方式來接近顧客。

「如果我送給您一小套有關個人效率的書籍，您打開書發現內容十分有趣，您會讀一讀嗎？」

「如果您讀了之後非常喜歡這套書，您會買下嗎？」

「如果您沒有發現其中的樂趣，您把書重新塞進這個包裡寄回給我，行嗎？」

這位銷售人員的開場白簡單明瞭，使客戶幾乎找不到說「不」的理由。後來，這三個問題被該公司的全體銷售人員所採用，成為標準的接近顧客的方式。

由此可見，開場白是極其重要的。為了防止顧客恍神或考慮其他問題，在銷售的開場白上多動些腦筋，開頭幾句話必須是十分重要且非講不可的，表述時必須生動有力、句子簡練、聲調略高、語速適中。講話時目視對方雙眼、面帶微笑，表現出自信而謙遜、熱情而自然的態度，切不可拖泥帶水、支支吾吾。一些銷售高手認為，一開場就使顧客了解自己的利益所在是吸引對方注意力的一個有效方式。

史蒂芬想拜訪一家大公司的總裁，這家公司是全球數一數二的大企業。在與該公司的公關副總裁約翰．卡森進行一連串的通信與電話交談之後，對方終於為他安排了一個會面時間。

史蒂芬苦心安排這次會談的目的，是要對該公司的高級主管做一番銷售說明，希望他們能允許他撰寫一本關於此公司的書籍。為了要寫成此書，史蒂芬必須訪談該公司一百五十名左右的職員，所以獲得該公司管理階層的認可是絕對必要的。如果沒有這項應允，他就不可能寫出這本書。當然，要獲得管理層的認可是非常難的。

在與管理層的見面會上，史蒂芬起身以最溫婉謙和的聲音說道：「各位女士先生，我今天十分榮幸的在這裡對貴公司的高層經理人發表談話。貴公司真是我們國家歷史上最優秀的組織之一，當我還是一名小男孩時，我便對貴公司仰慕不已。」

史蒂芬知道這一番話聽起來官腔十足，但是十分見效，所以他接下去說：「今天能在此對各位發表談話，的確是我事業生涯中最精彩的時刻。畢竟，你們肩負的是這個十億美元跨國企業的未來。今天你們將寶貴的時間交給我，所以我要告訴你們，我即將著手進行這本書的內容，是有關貴公司的歷史，以及現今貴公司進行專業管理的過程。」

「貴公司的所有重要決定都是由你們做出的，與一些真正的大決策相比，這無疑是一件最容易決定的事情。」

「我真的很高興你們今天能邀請我來參加這個會議，因為在二十分鐘後我走出這裡時，我已經知道你們的決定是什麼了。這正是我對你們這些頂尖主管的仰慕所在，也就是你們能將公司管理得如此成功的原因。我曾經見過一家大公司的主管們，」史蒂芬此刻將聲音壓低說道，「我不會說出他們的名字，但是你們絕對不相信我忍受了多大的不幸，全都是因為他們無力做出決定。他們在完成任何一件事之前，都必須經過無數官僚程序的推諉搪塞。我發誓，我再也不會和這家公司共事，因為它的管理已經陷入了官僚主義中而無法自拔，以至於高層經理人無法做出重要的決定。我腦中有著許多寫書的好點子，我的生命中實在不需要這類的不幸。如果我意識到某家公司正令我陷入這種不幸的話，我會跨步離去，選擇和其他的公司一起工作。」

史蒂芬緊接著逐章說明這本書所要寫的內容，這項解說耗費了大約十分鐘。最後他又主持了五分鐘的問答。

在他回答完數個問題之後，最高主管說話了：「我看不出我們不讓史蒂芬寫這本書的理由，他可以開始進行這本書了，有人不同意嗎？」

每個人都點頭表示贊同，當約翰關上他辦公室的門之後，對史蒂芬說：「如果我沒有親眼看到的話，我實在不會相信。我真的不認為在這次會議上，你的書有任何機會能獲得通過……我恭喜你完成了一項不得了的演講和銷售！」

史蒂芬用他的「三寸不爛之舌」完成了一項頗為艱巨的任務，這便是口才的巨大魅力所在了。做生意若想更加順利和成功，擁有這種超出常人的口才是十分必要的。

賣的智慧

好的開場白是銷售成功的一半。

8 實話不實說，討顧客歡心

實話不實說並不是要你不講實話，也不是要你去欺騙顧客，它只限於你銷售的商品以外的東西，對你的商品你必須實話實說，但是有些話不能實說。

如果你是一名服裝銷售人員，有一位顧客走進了你的店門，你發現他身上穿著一件很舊的外套，你就想賣給他一件新外套，看著他身上的破舊外套，你心裡一定在想：「這人怎麼還穿這種破衣服？這還是好幾年以前流行的款式，他居然穿了這麼多年，這衣服早該當抹布了。」你心裡這樣想，但是不能這樣說出來，如果你實話實說，那你離「優秀銷售人員」這一稱號就相差太遠了。

如果你是一名汽車銷售人員，當顧客問你他那輛舊車可以折合多少錢時，你心裡想的也許是：「這種破車還能值多少錢？」這可能是大實話，那輛車也許確確實實就是一輛不值錢的破車，輪胎也許已經磨損了，汽油耗油量也許比柴油引擎還要多，車裡的氣味也許很難聞——總而言之，它就是一輛破車。但是這種實話你不能說，因為這是顧客的車，他可能很愛這輛汽車，畢竟他開了這麼多年，總會有點感情。即使他不喜歡這輛車，也只有他才有資格來責罵這輛破車，如果你先開口說這輛汽車很糟糕，這無疑是在侮辱汽車的主人，不知不覺中你已經傷害了他的自尊心。想想這些，你還敢責罵顧客用過的東西嗎？

詹姆斯的車已經用了十幾年了，最近有不少銷售人員向他銷售各式車子，他們總是說：「您的車太破了，開這樣的破車很容易出車禍的。」或是說：「您這破車三天兩頭就得修理，修理費太多了。」詹姆斯卻執意不買。

有一天，一位中年銷售人員又向詹姆斯銷售，他說：「您的車還可以再用幾年，換了新車太可惜。不過，一輛車能夠行駛十二萬英里，您開車的技術的確高人一籌。」這句話使詹姆斯覺得很開心，他即刻買下了一輛新車。

實話不實說並不是虛偽，話是說給他人聽的，你的話可以使他人心情舒暢，也可以使他情緒一落千丈。使人心情舒暢於己於人都有好處，何樂而不為呢？

賣的智慧

實話不實說，才能讓客戶歡迎你。

9 講解也要注意細節

銷售人員講解產品時的用語，要避免平淡無味的說教，而要以活躍銷售現場的氣氛、吸引顧客的注意力和激發顧客的購買欲望為目的。因此，講解用語必須生動而全面。

生動講解的關鍵，在於語言的恰如其分而具有感染力。為了達到這一要求，講解用語應該注意以下幾點：

（1）少用「我」

在銷售中，有些銷售人員總是大量使用以「我」為中心的詞語，使用這些詞語讓顧客感覺銷售者正在把他的觀點強加在自己身上。下面一些詞句就不利於在銷售人員和顧客之間營造良好的洽談氣氛，不利於進行成功的銷售：

「我認為……。」

「我的看法是……。」

「如果我是你的話，……。」

「依我看……。」

「我要對你說的是……。」

「我不會這樣做……。」

「我的意見是……。」

「考慮一下我所說的話……。」

「我的觀點是……。」

如果可能，將上述每一句話中的「我」都改為「你」。

（2）少用言之無物的詞語

人們把這兩種效果截然不同的銷售詞句分別稱為「銷售用語」和「非銷售用語」。比如，「價值」一詞要比「價格」一詞好、「擁有」比「購買」好，盡量用日常生活中人們容易接受的口頭語。在銷售談話中，下列「非銷售用語」對達成交易毫無幫助：

「我想說的是……。」

「正如我之前說過的，……。」

「我想順便指出……。」

「或者，換句話說……。」

「確實是……。」

「事實上……。」

「所以說……。」

「這是真的嗎？」

「無論如何……。」

「在不同程度上……。」

「你不同意嗎？」

「你可以相信它……。」

以上詞句少用為佳。

（3）盡量少用限定詞

有的銷售人員很喜歡講自己的產品最好、最先進等等，以急於顯示產品的優點，其實這樣講反而會引起顧客對銷售品的懷疑。即使銷售品確實是市場上最好的，但是在顧客沒有親眼見到、沒有真實比較的情況下，銷售人員僅靠一些限制的詞語來證明，是很難令人信服的，甚至會讓人對這個銷售人員產生厭惡的感覺。因此，避免使用最高級的限定詞，可以減少對顧客購買決策時帶來的不良心理影響。

（4）少用「便宜」這類詞

產品的價格和產品的品質是密切連結在一起的。在現代產品經濟中，優質優價、劣質劣價幾乎是產品定價的慣例。當然也有物美價廉的產品，但是只是例外。質價相當，是經濟生活中的規律。所以銷售人員在銷售介紹時，一味突出銷售品的價格便宜，容易使顧客對產品品質產生質疑。為了保持講解的效果，銷售人員應盡量避免或少用「便宜」這類提法。如果銷售品確實物美價廉，是市場上同類產品的佼佼者，而銷售人員又必須強調產品的價格特點，他可以用另一種方式告知顧客，即以委婉的方式向顧客通報價格資訊。比如說產品「不貴」或「物超所值」就比較得體。

其次來談談講解的「形象性」。

我們賣的是產品，但是賣產品不如賣效果。比如別墅、名車、高爾夫會員證等，是地位的象徵，你就要在這個「地位」上大做文章；汽車、音響、錄影機、旅行，冷暖氣設備，是人們追求舒適和歡樂所要求的，你就要不遺餘力的說明這些；微波爐、影印機、全自動洗衣機、個人電腦等，你便要在性能和經濟上給予對方「說明」；鋼琴、大型音響設備、昂貴的化妝品、珠寶等，可以稱之為「奢侈品」，你便可以抓住買者的虛榮心大加渲染。抓住你的產品會導致的效果，有重點的加以說明。

講解最為關鍵的一步，是展示你的產品。因此，你要盡量使用訴諸視覺的材料，如資料、樣品、照片、幻燈片、錄影帶、實物等。需要注意的是，展示這些「證據」時，不要只放在桌上，而是要交到對方手中加以說明——不能太早但是也不能等到客人催你拿出來。

展示產品時，描述其他顧客的好評會使買者具有臨場感：你可以唯妙唯肖的模仿顧客的言行，可以展示使用者的來信、致謝信、登報鳴謝等，還可以利用現代的展示工具——錄影帶或幻燈片來顯示顧客的好評。不要吝惜自己的商品，請對方實際接觸操作，以引起他的興趣，俗話說「事實勝於雄辯」。

講解最為重要的一步是說明產品的特性。比如在數不清的洗髮精品牌中，你的洗髮精與其他相比，在配方、效果上有什麼不同；在品牌日益更新的今天，你的電子產品有哪些突出的優勢；從產品的原材料、製作過程到使用效果都有哪些領先之處。這裡可以用上面講的訴諸視覺的材料，也可以使用一些科學術語來增加可信度，提起他們對產品的濃厚興趣。

還應該注意的是，如果對方弄不懂你的產品，你應該向他致歉，「我說得不清楚，請你不必有顧慮，多多發問。」這樣表面上把責任歸在自己身上，給對方一個台階，何樂而不為？

最後來談談講解的「全面性」。

洽談之中，銷售人員手中的武器便是自己的產品。要想展示好你的產品，必須從以下幾個方面對顧客做全面的產品講解：產品的用途、使用方法、操作方法，材質、製造法、結構、製造商，以及買法、購入管道和市場評價。同時也要注意與顧客的溝通和交流，針對不同的顧客也要有不同的講解方式及側重點。對於顧客不懂的地方，要耐心的解說。

賣的智慧

銷售人員講解產品時，用語必須生動。

10　好的聲音，易吸引顧客

銷售之神喬．吉拉德根據他累積了五十年的銷售經驗，認為要發出有魅力的聲音，有下列七個訣竅：

（1）語調要低沉明朗——明朗、低沉、愉快的語調最吸引人，所以語調偏高的人，應設法練習讓語調變得低沉一點，這樣才能發出迷人的聲音。

（2）咬字清楚、層次分明——說話最怕咬字不清、層次不明，這麼一來，不但對方無法了解你的意思，而且會給別人帶來壓迫感。要糾正此項缺點，最好的方法就是練習大聲的朗誦，久而久之就會有效果。

（3）語速運用恰當——當我們開車時，有低速、中速與高速，必須依實際路況的需要做適當的調整。在說話時，也要依實際狀況的需要調整快慢，音調的高低也要妥善安排，藉此引起對方的注意與興趣。任何一次的談話，抑揚頓挫、速度的變化與音調的高低，必須像一支交響樂團一樣，搭配得當，才能成功演奏出和諧動人的樂章。

（4）運用停頓的奧妙——「停頓」在交談中非常重要，但是要運用得恰到好處，既不能太長，也不能太短，這需靠自己去揣摩。「停頓」可以整理自己的思考、引起對方好奇、觀察對方的反應、促使對方回話、強迫對方下決心等，不能不妥善運用。

（5）音量的大小要適中——在一個房間裡，如果音量太大，這一聲音就會成為噪音了，而且過大的聲音既刺耳又惹人討厭；相反，音量太小，使對方要身體前傾用心聽才聽得到的話，那也是不對的。正確的做法是，在兩人交談時，對方能夠清楚自然的聽到你的談話音量。

（6）詞句須與表情互相配合——每一個字、每一詞句都有它的意義。平常我們說話時，都用詞句予以表達，如此而已。單用詞句表達你的意義是不夠的，必須加上你對每一詞句的感受，以及你的神情與姿態，你的談話才會生動感人。例如：歡喜、憤怒、哀傷、疲憊、熱心、平安等詞句，要如何加入你的感受與表情以傳達給對方呢？這全靠長期的苦練了。

（7）措詞高雅，發音正確——一個人在交談時的措詞，有如他的儀表與服飾，深深影響談話的效果。銷售人員偶爾也會碰到風度翩翩、談吐不俗的人，這些人就是你學習的對象。注意他們的談話，記下他們的優點，多加思索，自然會提升自己的水準。另外，對於那些較為生澀的字眼，發音要力求正確，因為這無形中會表現出你的博學與教養。

賣的智慧

魅力聲音更吸引人。

第三章　賣得好，還需口才好

第四章　心理操縱術——讀懂顧客心理

打開銷售之門

迎合大眾的消費心理，只有滿足顧客的消費心理，產品才有競爭力，只有成功掌控客戶的內心，才能成為銷售的最終贏家！

GOOD PRODUCT

1　消費心理是商品開發的唯一指南

SONY公司創始人盛田昭夫說：「我們的計畫是用新產品來帶領大眾，而不是被動的問他們要什麼產品。消費者並不知道什麼是可能的，但是我們知道。因此，我們不去做一大堆的市場調查，而是不斷修正我們對每一種產品及其性能、用途的想法，設法引導消費者、與消費者溝通，進而創造市場。」

商品開發的過程中需要瞄準市場，而如何確定產品最終的客戶，這就得在開發產品的過程中迎合大眾的消費心理，只有滿足了顧客的消費心理，產品才有競爭力，這是商戰策略。

一個酒吧的老闆努力想讓自己的生意好起來，為此他嘗試了不少方法：把酒吧進行豪華裝修、努力提高服務品質、延長營業時間、打折等等，但是都收效甚微。

一位著名的心理學家在這家酒吧小飲，老闆在閒聊當中對心理學家說出了自己的苦悶。心理學家問：「到你這裡來的一般都是些什麼客人？」老闆說：「我這裡周圍都是商業中心或者商業大樓，來這裡消費的一般都是一些上班族。」

心理學家笑著說：「那就簡單了，你在樓上單獨開闢一個小房間，隔音效果要好，裡面什麼也不用放，只把顧客們喝剩的空瓶子堆在裡面，凡是進去的人都可以隨便摔瓶子，一個瓶子收費兩美元。」

老闆遲疑著說：「我這裡一瓶啤酒才賣兩美元，而且這主意聽起來有點瘋狂。」

心理學家諱莫如深的笑著說：「你試試就知道了。」

一個月後，心理學家又一次光臨這家酒吧，老闆激動的拉住他的手說：「你的主意簡直太棒了！今天我一定要好好請你喝一杯。」酒吧老闆半信半疑的按照心理學家的意見裝修了樓上房間以後，果然有很多人肯出兩美元進來摔瓶子，不但如此，樓下賣酒的生意也好了很多。

「這裡面到底有什麼玄機？」酒吧老闆迫不及待的問。

「其實很簡單，」心理學家說，「這裡的顧客一般都是周圍的上班族，他們平常的工作壓力非常大，每個人都有發洩以緩和壓力的願望，但是他們一般都是受過良好教育的人，這邊的治安管理也很嚴格，他們的住所一般也是安靜的公寓，所以他們根本就沒有地方發洩情緒。如果有一個地方可以合理又合法的盡情發洩，肯定會十分受歡迎，對於喜歡喝兩杯的人來說，有什麼發洩方式是比狠狠摔酒瓶更痛快的？」

由此可見，迎合消費者心理的產品，才能適應市場，才好賣。俗話說「顧客就是上帝」，這句話我們通常只用在產品的銷售服務上，福特汽車總裁艾柯卡不但把它運用到產品的銷售上，而且還把它運用到產品的研究開發上。他以自己的成功證明了一個觀點：顧客的消費心理是產品生產的唯一指南。

某集團總裁吳先生的成功原因，就是源自於他能把握顧客的消費心理，進而開發新產品、填補了市場空檔。

繼裝飾板和摩托車開發成功之後，吳先生停下了腳步，做出了更驚人的決策：生產小汽車。

吳先生是有策略的，他分析汽車工業發展近二十年，價格越來越貴。對於普通老百姓來說，他們需要六七十萬元價位的車，因為他們口袋裡的錢有限，買不起幾百萬元的車。

「我的汽車售價也就六七十萬元，只要成本比別人低，品質比別人好，價格比別人低，薄利多銷，我就會有機會，而這樣一塊市場沒人去開發。」吳先生胸有成竹，自己的產品品質不比別人差，價格可以比別人更低，這是自己的優勢。

迎合消費者心理的產品才能打開市場，才有發展的空間。怎樣使獨創的東西迎合消費者的心理呢？這需要智慧，每一個產品的開發需要一定的醞釀、成熟到實施成功的過程，這就需要我們具備準確的判斷能力、分析能力和預測能力，還有對突發意外事件的應變能力等等。綜合這些能力的唯一手段，就是要擁有智慧。擁有了智慧，一切事業和成功路上的阻力都可能隨之排除。

賣的智慧

顧客的消費心理是產品開發、生產的唯一指南。

2　心理定價，贏得顧客的心

銷售是以商品和服務為基礎展開的活動，而衡量商品和服務最不可或缺的，或者說最重要的一個因素就是價格。一直以來，商品的價格是消費者在商品的性能與品質之外考慮最多的部分，它是買賣雙方對同一商品的價值衡量標準，這也往往是銷售中最容易形成分歧的環節所在。

為商品制定價格是銷售中一個貌似簡單卻蘊含著很多玄機的環節，往往就是由於定價戰術的合理應用，使消費者的心理在價格因素潛移默化的影響下，產生了微妙的變化。

在形形色色的價格策略應用中，銷售者應該結合消費者的心理定價，並根據銷售進程的變化巧妙的對價格進行調整，這樣的價格策略可稱之為「心理定價突破法」，是價格策略組合中比較常用而且殺傷力較強的一種方法。

消費者商品價格的心理定位，是企業經營者必須突破的障礙。經營者應將消費者的心理價位與現實價位的距離盡量拉大，以形成強大的銷售價格勢能，然後透過配套建設、品牌推廣等保證其釋放的安全性，便能形成巨大的銷售推動力。

心理定價的標準就是讓顧客感覺到物有所值，最好是物超所值。價格定位包含著顧客感覺的東西，而不是簡單市場平衡的結果，更不是根據自己主觀的、固定的、單一的加價所決定的。應該針對不同的顧客心理採用不同的價格定位，主要有以下幾種形式：

（1）整數定價策略

價格不僅是商品的價值符號，也是商品品質的「指示器」。採用湊整數的方法，制定整數價格。比如將價格定為千元，而不是九百九十九元。這樣使價格上升到較高等級，藉以滿足消費者的高消費心理。顧客會感到消費這種商品與其地位、身分、家庭等協調一致，從而迅速做出購買決定。對價格較高的商品，比如高級商品、耐用品或是消費者不太理解的商品，可以採用整數定價策略，以迎合消費者「一分錢一分貨」、「便宜無好貨，好貨不便宜」的心理，商品的形象會因為沒有瑣碎的零頭而顯得越發高貴，而消費者在購買這種商品時，也容易產生高層次消費的心理滿足感。

（2）非整數價格策略

在消費心理學中，整數價格是一種典型的心理定價策略，這個策略是根據消費者對商品價格的感知差異所造成的錯覺而刺激購買。消費專家反覆調查發現，凡以整數定價的商品，如八千元、五百元、三百元，不易受到某些顧客歡迎，他們認為賣家很可能把零頭進位為整數，買這種商品肯定會多付冤枉錢。非整數價格策略最通用的一種方法是在尾數上下工夫，保留價格尾數，採用零頭標價。比如一百九十八元，而不是兩百元。這種定價方法一方面給人便宜感，另一方面又因標價精確而給人信賴感。消費者會認為該價格是經過精心核算的，是對顧客負責的表現，使消費者對定價產生信任感。在顧客心理上，一百九十八元比整數兩百元要便宜，一般日用消費品等價格較低的商品都採取這種策略。

（3）聲望定價

針對消費者的求名心理，對在消費者心目中享有聲望、具有信譽的產品制定較高價格。對於有聲望的企業、商店或牌號的商品，可以把價格制定得比市場中同類產品高一些，但仍在消費者可接受的範圍內。品質不易鑑別的商品，如首飾、化妝品、飲食等最適宜採用此法，因為消費者往往以價格判斷品質，高價與性能優良、獨具特色的名牌產品配合，易顯示產品特色、增強產品吸引力，產生擴大銷路的積極效果。比如路易威登領帶，一上市就以優質、高價定位，對有品質問題的領帶他們絕不上市銷售，更不會降價處理。它向消費者傳遞這樣的訊息：路易威登領帶絕不會有品質問題，低價銷售的路易威登絕非真正的產品；從而維護了路易威登的形象和地位。

（4）吉利數字定價

用一些諧音吉利的數字來定價，可以滿足人們買彩頭、圖吉利的心理需求。如將實價一千元的商品定價為「九百九十八」（諧音「久久發」）、「九百八十八」（諧音「久發發」）。將實價一百七十元的商品定價為「一百六十八」（諧音「一路發」）。商品降價不大，銷量卻成長不少。

(5) 習慣定價

即按照消費者心理習慣制定穩定的價格。消費者在長期的購買實踐中，對某些經常購買的商品，如日用品等，在心目中已形成了習慣性的價格標準，不符合其標準的價格易引起疑慮，從而影響購買。因此，這類商品價格要力求穩定，避免價格波動帶來不必要的損失。

(6) 統一定價法

許多商品只有一個統一的定價，能使顧客心理滿足和充分挑選的餘地。前幾年出現的「十元商店」、「三十九元店」曾經熱門過一陣子，統一定價較低的商品，進貨力求成本低，最好收集廠家低價處理的庫存積壓產品，切忌銷售坑人害人的假冒偽劣商品。

定價是一門藝術，靈活巧妙的定價對商品的銷售和利潤大有好處。隨著市場競爭的不斷加劇，企業都在談需求導向，傳統的成本加利潤的定價方法已很少有企業採用。廠商大多根據同行競爭的狀況和消費者的心理接受程度確定產品的價格，但是這一定價方法必須建立在真正了解消費者需求的基礎之上，為其提供滿足需求的產品價值，並確定一個與價值基本相符的價格，這樣才能做到廠商與消費者的「雙贏」。

賣的智慧

一個好的產品不僅要有好的品質，同時還要有一個適當的價格定位。

3　好奇心理——激發顧客的注意力

美國傑克遜州立大學教授說：「探索與好奇似乎是一般人的天性，對於神祕奧妙的事物，往往是大家所熟悉關心的注目對象。」那些顧客不熟悉、不了解、不知道或與眾不同的東西，往往會引起人們的注意，銷售人員可以利用人人皆有的好奇心來引起顧客的注意。

有一個幽默的銷售人員這樣開始了和顧客的交談：「先生，您知道世界上最壞的東西是什麼嗎？我告訴您吧，是您的錢。」他的這句話讓顧客十分好奇，於是不解的問道：「為什麼最壞的是『我的錢』？錢可是大大的好東西啊，人人都在追求啊。」銷售人員笑著說：「您的錢本來可以買一台冷氣，讓您涼爽一個夏天，可是它們就是放在那裡。」說到這裡，顧客和銷售人員都笑了，這種幽默又獨特的開場白，讓顧客更願意聽他對冷氣的介紹。

善算制勝，關鍵是奇中有謀、奇中藏招。它往往能出奇制勝，收到事半功倍的效果。「奇」要先人一步，要獨闢蹊徑，要為人所不能，這是商人賺錢的算計智謀之一。

現代商戰中，凡是善於出奇制勝的商家，都不拘泥於常規。他們能夠在異常複雜的競爭中，抓住那個最關鍵、最本質之點，來考慮自己的行動決策，即使處於進退之際，依然能發揮創造性思維，從一個可能點出發，進行跳躍式或不規則的思考，衝破常規、定出奇謀妙計，生產出出奇的產品，深得消費者的喜愛，從而占領市場、走出困境。

所以，在市場競爭中，經營者要想順利的把產品賣出去，首先在經營思想上要有奇招，出奇的經營思想、出人料想之外的商品，才能滿足大眾的獵奇心理。

某家專營黏膠的商店，為了讓一種新型「強力萬能膠水」廣為人知，店主用膠水把一枚面額千元的金幣貼在牆壁上，並宣稱：「誰能把金幣拿下來，金幣就歸誰所有。」該店因此門庭若市，登場一試者不乏其人。然而許多人費了九牛二虎之力，仍然徒勞而歸。有一位自詡「大力士」的氣功師專程趕來，結果也空手而歸。於是，「強力萬能膠水」的良好性能聲名遠播。

這種方法主要是利用客戶的獵奇心理來接近對方。獵奇是人們普遍存在的一種行為動機，客戶的許多購買決策有時也是受獵奇心理的驅使。

競爭是產品的較量。從制定計畫到售出產品，最難的是市場上的短兵相接。如何解決這個至難的問題？奇貨效應就是不可不知的商道。

在銷售活動中，掌握一定的心理學知識，利用人們的獵奇心理，採取以「奇」標新的獨特方式引發人們的好奇感，是贏得消費者的一種銷售妙招。

賣的智慧

運用顧客的獵奇心理，可以增加賣的機會。

4　從眾心理——他有我也要有

通常都是在與顧客溝通後掌握顧客心理的情況下，清楚顧客在什麼情況下需要什麼、想什麼，然後投其所好，從而達成交易。

有一位年輕的小姐正在購物中心的服裝部走來走去，她在一件衣服前看了很久，但是神色猶豫不定。門市人員走了過來，順著小姐的目光看了看那件衣服，說：「這件衣服賣的挺不錯的，這樣款式、顏色很像韓國青春偶像的衣著，很流行，今年很多年輕女孩都買這樣的衣服，前幾天我們店裡來了好幾個女孩，都指名要買這件衣服，您真是太有眼光了。」

小姐聽後，下定決心，把它買了下來。

人們總是有一種從眾心理，往往流行的東西對人的決定影響很大。從眾心理是人類固有的心理現象，長期的社會規範、有形或無形的團體壓力以及人類自身的成長要求，都是形成從眾心理的主要原因。

像這樣「大家」、「某某名人」、「這附近的女孩全都……」或者甚至於「哇！」、「呼！」等意義不明的語氣，都會使顧客產生購買欲，因為它在不知不覺中煽動顧客的心理，特別是在強烈的嫉妒心驅使下，會產生「別人都買了我豈能落後」的想法。

從顧客的這種反應上，可以發現「大家都買了」的方式，不僅可以撩起顧客的購買欲，同時更可以使對方內心裡產生安全感：「大家全都買了嘛！不會擔心受騙。」

在「不需要」、「已經買了」等等拒絕語句裡面，其實是隱藏著擔心受騙的顧慮——向銷售人員買東西，萬一受騙了，豈不是太丟臉了嗎？如果適時來一句「大家全都買了」，就可以將對方心中的疑慮一掃而光。

從眾成交法就是利用顧客的這種從眾心理。透過顧客之間的影響力，給顧客施加無形的社會心理壓力，進而促成交易。但是使用這種方法時事件應該真實，資料必須準確，切忌憑空捏造、欺騙消費者。否則不僅無法順利促成交易，反而會影響企業形象，從而對企業整個銷售工作產生不利影響。

賣的智慧

顧客可能不相信銷售人員，也可能不相信自己，但是他們卻把別人的消費作為自己消費的參照。

5　暗示——操縱人心的經營謀略

銷售是一件複雜的工作，在面對不同客戶、不同環境時，要運用不同的戰術。猶太人認為，最基本的戰術是「暗示」。暗示的好處是暗示者不需要允諾什麼，而受暗示者就會對自己做出各種「投己所好」的好處。既然是他自己的允諾，那麼事後就只能怪他自己，而與暗示者沒有半點關係。

商人一般都有很強的語言表達能力，不僅會說多種語言，而且還善於運用「暗示」。這裡就有一則猶太人巧用「暗示」的經典事例：

費爾南多在星期五傍晚到達一座小鎮，他沒有錢吃飯，更沒有錢住旅館，只好到猶太教堂找管事的人，請他介紹一個能提供安息日食宿的家庭。

管事的人打開記事本，對他說：「這個星期五，經過本鎮的窮人很多，每家都安排了客人，只有開首飾店的西梅爾家例外，因為他一向不肯收留客人。」

「他會接納我的。」費爾南多很自信的說，轉身走向西梅爾家。等西梅爾一開門，費爾南多很神祕的把他拉到一旁，從大衣口袋裡掏出一個沉甸甸的小包，小聲說：「磚頭大小的黃金值多少錢呀？」

首飾店老闆一聽黃金，眼前一亮，可是已經到了安息日，按猶太教規不可以再談生意，但是老闆又捨不得讓這宗送上門的大買賣落入別人手中，便連忙挽留費爾南多在他家住上一宿，到明天日落後再談生意。

整個安息日，費爾南多得到了首飾店老闆的盛情款待。到星期六晚上可以做生意了，西梅爾滿面堆笑的催促費爾南多把「貨」拿出來看看。「我哪有什麼金子？」費爾南多故作驚訝的回答道：「我不過想問一下，磚頭大小的黃金值多少錢而已。」

在這則笑話中，費爾南多熟練運用了「操縱人心」的技巧：他在一個不能談生意的時候，問了一個似乎關於生意的問題；而到可以談生意的時候，這個關於生意的問題，又成了一個非生意的問題。

由於費爾南多一直沒有明確自己是否在談生意，對問題的理解完全在於首飾店老闆個人，費爾南多只不過為首飾店老闆的「想像」提供了若干「參照物」。例如神祕兮兮的態度，還有那沉甸甸的小包，而所有這些參照物同樣也是沒有明確界定的，最後只能怪首飾店老闆賺錢心急，把別人的「隨便問問」當做了商業談判的引子。

商人非常重視手中商品的品質，以此作為自己立足商場的基礎，但是他們更是推銷方面的天才：在推銷商品的時候，商人非常擅長「操縱人心」。也就是說，由商人的推銷活動而引起顧客對該商品的注意或好感，也包括將顧客的需求與沒有能力滿足或不能完全滿足這一需求的商品加以溝通。

用模稜兩可的暗示來策動對方的商人，在經商實例中數不勝數，美國猶太企業家路易·E·沃爾夫森「操縱人心」的做法就是一個很經典的例子。

沃爾夫森是一個移居美國的猶太商人的兒子，在一九五〇年代和一九六〇年代時，被商界譽為金融奇才，但是他的實業道路卻是從負債經營開始的。他首先向人借了一萬美元，買下了一家廢鐵加工廠，然後把它經營成了一個獲利很高的企業。年僅二十八歲的沃爾夫森，個人資產已經突破了百萬美元。

一九四九年，沃爾夫森用二十萬美元的價格買下了「首都運輸公司」，這是設在華盛頓的一套地面運輸系統。

沃爾夫森有能力把虧損的企業經營成獲利頗豐的企業，這是大家都有目共睹的。但是這一次，公司還沒有賺錢，沃爾夫森就開始宣布，公司將要增發紅利。這類手法本身並沒有特別出奇的地方，只是沃爾夫森發放的紅利超過公司目前的利潤。

這等於說，他用貼出公司老底的代價，製造企業高獲利的假象，藉此「操縱人心」，讓大眾產生對該公司的過高期望，以提高公司的股價。

和沃爾夫森預料的一樣，「首都運輸公司」的股票在證券市場被大家一致看好，價格一路上升，趁此機會，沃爾夫森將其手中的股票全部拋出，僅此一舉，獲利額竟達原來股票價值六倍之多。

沃爾夫森的實業王國不是完全靠「操縱人心」創建起來的，但是也不能否認，「操縱人心」確實加快了其公司的成長。

賣的智慧

操縱人心，賣的最高境界。

6 贏得顧客，要懂些心理學

顧客是上帝，這是一種普遍的說法，但是實際上，顧客更像是對手，你只有了解他的心理，戰勝他的抗拒心，他才會主動為你的產品掏腰包。

經商出售產品，不符合顧客的心理需求，意味著什麼呢？意味著你是在盲人摸象，成功的商人都是顧客的心理醫生，他們清楚知道顧客需要的是什麼。

（1）求廉的心理

人們在消費的實踐活動中，都希望用最少的付出換取最大的效用，獲得更多的使用價值。追求物美價廉是最常見的消費心理，買主在消費活動中，對商品的價格的反應最為敏感，在同類以及同品質的商品中，消費者總會選擇價格較低的商品。

（2）耐用的心理

這種消費心理講究消費行為的實際效果，著重於消費品對消費者的實用價值。人們需要吃、喝、穿、住等，實際上絕大部分人是將其大部分精力放在獲取這些基本必需品上。購買行為也是為了滿足這些實際的需求，消費者自然就講求其實用價值。

（3）安全的心理

這裡包含兩層意義：一是獲取安全，二是避免不安全。消費者購買消費品後，要求消費品在被消費過程中，不會給消費者本人和家人的生命安全或身心健康帶來危害。人們之所以要購買社會保險、醫療保險或把錢存入銀行，是因為他們想在年邁和困難時得到安全；人們之所以要購買消防裝置和防盜門鎖，是因為害怕缺少這些東西可能會帶來惡果，為了安全而寧願在這方面投資。這種安全心理在家用電器、藥品、衛生保健用品等方面的消費選擇上表現得較為突出。

（4）方便的心理

這種消費心理的特徵是，把方便與否作為選擇消費品的第一標準，以求盡可能在消費活動中最節省時間。在這種心理狀態下，人們追求購買各種能給家庭生活和工作環境帶來方便的東西，洗衣機、吸塵器、自動洗碗機、飲料、半成品食物等，就滿足了人們這種消費心理。此外，在方便的心理中，還包括要求商品有相對完善的售後服務。

（5）求新的心理

追求和使用新產品是消費者普遍帶有的一種心理。在我們的生活消費中，某些新穎、先進的日用品，即使價格高一點、使用價值並不大，人們也願意購買。而陳舊、落後的消費品，即使價格低廉也會無人問津。這種求新的欲望，年輕人比老年人更強烈。

（6）求美的心理

愛美之心，人皆有之，美的東西一旦撞擊到我們的神經和情感，就會使我們產生強烈的滿足和快樂。美對人類來說，是一種精神上的享受。隨著人們審美趣味的不斷提高，對產品的求美心理越來越明顯和強烈。

（7）自尊和表現自我的心理

人人都有自尊心，消費者也不例外，特別是生存性消費需求得到滿足後，消費者更期望自己的消費能得到社會的承認和其他消費者的尊重。我們都有這種心理，喜歡聽好話、受人恭維，從而覺得自己有成就，並透過某種消費形式予以表現。

（8）追求「名牌」和仿效的心理

消費者對名牌產品有著強烈的追求欲望和信任感，他們總是認為買到名牌消費品才能保證使用期、提高消費效果。年輕的消費者更崇尚潮流，進而相互仿效。

（9）獵奇的心理

這種心理的表現形式與眾不同，在青少年中表現得比較突出。其心理因素主要有兩點：一是認為奇特本身就是一種美，二是為了引起人們的注意。

（10）獲取的心理

不隱晦的說，絕大部分人都有一種占有欲，人擁有了財產才算是踏上了尋求人生安全的康莊大道。精明的銷售人員利用這種心理的做法，一般是透過產品的試用推銷產品。比如，一個買主已經試用了一台電腦一個多月，他就很難再捨得讓人搬走了，他的占有欲會變得十分強烈，堅決要求把東西留下。

賣的智慧

做顧客的心理醫生，知道顧客需要的是什麼，就賣什麼。

7 讀懂客戶心理，就讀懂了生意

做生意要懂得心理學，要清楚了解你面前的顧客心裡在想什麼。顧客在消費前一般都有顧慮，所以你要用動人的語言打消對方的顧慮，讓他們卸下心理防禦，自然就能做成生意。

美國推銷專家法蘭克．貝格曾經用這一方法獲得成功。

一天，貝格遇到一次難得的大買賣。一位朋友告訴他，紐約的一位製造商正為人壽險詢價，金額高達二十五萬美元，另外還有十個大公司的總裁打算購買人壽保險。他問法蘭克是否有興趣前往一試，法蘭克立即請他提供一次會面的機會。幾天之後，朋友說他已為法蘭克安排妥當，時間定在次日上午的十點四十五分。接下來，法蘭克開始思索自己該做什麼。他決定準備一些問題，這些問題會讓購買者明白自己到底需要什麼。法蘭克花了將近兩個小時的時間寫出了十四個問題，他把這些問題按邏輯順序排列起來，成一個系列。

第二天早晨，他乘火車前往紐約。一路上，他已激動得快飛起來。他信心十足，決定冒險。他打了電話給紐約最大的一家體檢中心，請他們為即將會面的、尊貴的客戶安排一次體檢，時間定在十一點三十分。

終於到了辦公室，祕書小姐打開門，向她的總經理通報：「博斯先生，貝格先生從費城前來求見您，他與您約好的時間是十點四十五分。」

博斯先生說：「是的，讓他進來。」

於是，法蘭克開始了與博斯先生的談話。

「博斯先生，您好！」

「你好，貝格先生，請坐。不過我想你是在浪費時間。」

「這怎麼說？」

博斯指了指桌子上放的一堆文件說：

「我已將有關人壽險的計畫送給了紐約所有的大保險公司，這些公司中有三個是我的朋友開的，有一位與我是最要好的朋友，我每週六、週日和他一起打高爾夫球，這人經營著紐約人壽保險公司，業績相當不錯。」

「世界上沒有一家公司能比得上那家公司，事實就是這樣。如果你非要向我推銷人壽保險，你可以以我四十六歲的年齡、二十五萬金額做一個周密的方案，然後寄給我。幾個星期後，我會將你的方案與已有的幾個方案進行比較。倘若你的方案又好又便宜，我就讓你做成這筆生意。不過，我認為你在浪費自己的時間，同時也是在浪費我的時間。」

「博斯先生，我坦誠的相告，我做保險這一行也有多年了，如果您是我的親兄弟，我就真心的奉勸您趕緊把那些所謂的方案丟掉。」

「此話怎講？」

「首先，您要想自己解釋那些方案，您就得讓自己成為一名保險統計員，而這要花費您七年的時間。而且，世事無常，今天您選擇的是一家價格低廉的保險公司，但是五年之後它可能成為價格最高的一家公司。當然，供您選擇的都是世界一流的公司，您把這些公司的方案放在桌子上，閉著眼睛隨便拿一份，價格好像都很低廉，這與您花上幾週的時間精挑細選的結果幾乎完全相同。您為什麼浪費自己的時間呢？我願意幫助您盡快做出選擇。為此，請您允許我向您提出一些問題好嗎？」

「可以！你問吧。」

「可以這麼說，在您有生之年，那些保險公司信任您，但是您百年之後，他們會像信任您一樣信任您的公司嗎？您看不是這樣嗎？」

「不錯，正是這樣。」

「您買保險是為了什麼呢？事實上，唯一重要的是把您的危險轉移給保險公司一方。倘若您半夜醒來時忽然想到農場裡大片農作物的火險昨天就已到期，您還能睡得著嗎？您只盼著天亮，第二天早上您做的第一件事就是打電話給您的保險經紀人，讓他保護您農場的作物，是這樣吧？」

「當然了！」

「其實，人比財產更重要，您難道不認為自己買一份人壽保險更加划算嗎？您不認為應當將風險降到最低程度嗎？」

「這倒沒想過，不過，你說的也有可能。」

「如果您還沒有買這樣的人壽險，萬一發生不測，您不但沒了收益，還得搭上大筆錢財，您想是這樣嗎？」

「何以見得？」

「我今天早上約好了紐約最有名的一位醫生卡克雷勒先生，他做出的體檢結果是每個保險公司都承認的，只有他做的體檢結果才適用於二十五萬元的保單，他的診所應有盡有，您儘管放心好了。」

「難道別的保險代理做不了這些嗎？」

「他們在今天上午是做不了的，博斯先生，您得盡快意識到這次體檢的重要意義。您今天下午打電話給那些保險代理人，讓他們立刻為您安排體檢的情況：首先，他們會找一個尋常的醫生，因為這人是他們的朋友；那位醫生來您的辦公室為您做第一次檢查，即使檢查結果可能在當晚寄給一個主管醫生，那人一看這要冒二十五萬美元的風險，必須安排第二次體檢，而他們又得為此準備必要的儀器……這意味著什麼？時間在一天天的流走，您的金錢也一天天的流走。您怎麼願意拖延一週，哪怕只有一天呢？」

「噢，我還是好好考慮考慮。」

「假設您明天早上突然感冒，喉嚨痛、咳嗽不止，為此躺了一週。當您病好後去做令人難受的體檢，保險公司會說博斯先生您現在是沒事，可考慮到您的最近病史，我們得附加個小小條件，就是再觀察您三四個月，以便確認您的病是急性還是慢性。博斯先生，您得一直等下去、沒完沒了的拖下去——我說的這些有可能發生吧？」

「當然可能了。」

「博斯先生，現在十一點十分，我們若能現在趕去卡克雷勒的預約一定趕得上，您看上去氣色很好，如果體檢一帆風順，您所買的保險四十八小時後就會生效。」

「是啊，我現在的感覺棒極了！」

「這次體檢對您是最重要的，對嗎？」

「貝格先生，您在為誰做保險代理？」

「當然是您了！」

博斯先生抬起頭來，點了一支菸，從辦公桌旁站起來，走到衣帽架前拿了帽子，說道：「我們走吧！」

接著便去卡克雷勒醫生的診所，體檢很順利。做完了之後，博斯先生似乎成了貝格的朋友，還請他共進晚餐。吃飯時，他笑著問：「您是哪家保險公司的？」

一次完美的推銷，一次經典的假設推銷法則，也是一次成功。

賣的智慧

抓住對方心理最好賣。

8 揣摩心理，把話說到心坎裡

推銷不能直接、強迫。你去說服客戶，客戶就會本能的產生反說服的心理，你越努力，對方的防範心理越強；但是你若循序漸進，用誘導的方式一步一步的去說服，結果就會順利得多。

一位先生帶著兒子到體育服裝專櫃買棒球衣，還未說話，門市人員便對他一笑說：「您來啦，您是想買一套棒球衣的吧！」

這位先生感到十分奇怪：「是啊！妳是怎麼知道的呢？」

「因為我看您一走過來，眼睛就盯著棒球衣，而且您兒子手中還拿著球棒呢。」

自然而然，既從心理上親近了顧客，也贏得了他的好感。當他選中一套正要付款時，門市人員走上前來對他說：「先生，還有一套和這套球衣配套的汗衫、長襪呢！」

這位先生一想，於是點頭稱是。這位小姐一邊包裝衣物，一面漫不經心的看著小孩子穿的鞋，親切的問：「小弟弟，你還沒球鞋？」孩子搖搖頭。

小姐轉過身來，以懇求的眼光看著這位先生說：「請您再為孩子買一雙球鞋吧！這麼英俊的小男孩穿上新球衣、新球鞋，那才真叫帥氣！」

這位先生還在猶豫，鞋已包好遞到手上。先生一邊接過東西，一邊說：「您真會說話，讓人家花了錢還覺得高興。」

推銷最好的辦法，就是先站在對方的立場上。下面這個案例就充分說明了這一點。

某電器公司的銷售人員挨家挨戶推銷洗衣機，當他到一戶人家裡，恰好這戶人家的太太正在用洗衣機洗衣服，就忙說；「哎呀！妳這台洗衣機太舊了，用舊洗衣機是很費時間的。太太，該換新的啦！」

結果，還沒等這位銷售人員說完話，這位太太馬上產生反感，駁斥道：「這台洗衣機很耐用的，我都用了六年了，到現在還沒有發生過一次故障，我才不換新的呢！」這位銷售人員只好無奈的走了。

又過了幾天，又有一名銷售人員來拜訪，簡單的溝通後，他初步了解了太太的心理，便說：「這是一台令人懷念的洗衣機，因為很耐用，所以對太太有很大的幫助呀。」

這位銷售人員先站在太太的立場上說出她心裡想說的話，使得這位太太非常高興，於是她說：「是啊！這倒是真的！我家這部洗衣機確實已經用了很久，是有點舊了，我正在考慮要換一台新的洗衣機呢！」

於是銷售人員馬上拿出洗衣機的宣傳小冊子，提供給她做參考，用了這種說服技巧讓推銷一舉成功。

站在對方來推銷產品確實是一條捷徑，不僅要深入市場調查、了解使用者需求、還要研究客戶的心理，主動與客戶進行感情交流，達到心靈溝通，讓客戶感覺你不是在向他們推銷業務，而是在關心他、想著他。銷售要為人提供方便，這樣客戶才會認可你的產品和服務。

賣的智慧

站在對方的立場上來推銷產品是一條捷徑。

9　讚美心理，不妨誇獎她

卡內基曾說：「人性的弱點之一就是喜歡別人讚美。」每個人都會覺得自己有可誇耀的地方，推銷人員如果能抓住顧客的這個心理很好的利用，就能成功的接近顧客。

原一平認為：「有的場合恭維也是一種口才，不要說那些不是出於內心的話。」當你認為這樣恭維最恰當時，那就恭維他幾句，這就是所謂極好的恭維時機。只要恭維得有根據，自己發自內心喜歡、羨慕對方，對方埋藏的自尊心被你所承認，那他一定非常高興。

因為我們每個人都有自尊，都希望別人對自己的優點有一個肯定的評價。如果你是真誠的，不使人感到虛假或敷衍，對方會認為你很體諒人，就會對你表示友好、親近，願意與你合作。

有一個專門推銷各種罐頭食品的銷售人員約見一家購物中心的經理時，敬佩的說：「經理，我多次去過你們的購物中心，作為本市最大的專業食品商店，我非常欣賞你們購物中心高雅的裝潢，你們貨櫃上也陳列了許多著名品牌的食品，服務員和藹待客。看得出來經理為此花費了不少心血，真令人欽佩！」聽了銷售人員這一席恭維話語，經理不由得連聲說：「做得還不夠，多包涵、請多包涵！」嘴上這樣說，心裡卻樂不可支。

做生意難免要面對許多客戶，當別人讚美他時，對方往往會做出一些痛快的決定。

有一位門市人員向顧客推銷化妝品，顧客說：「這些化妝品我都有，暫時不需要。」該門市人員說：「噢，您麗質天生，不化妝也很漂亮。」顧客聽後心花怒放，這位門市人員接著說：「但是為了防止日晒，應該……」沒等說完，顧客的錢包就打開了。門市人員在迎合顧客優點的基礎上的轉折，使顧客欣然接受了推銷。

同樣的一件事情，採用不同的說法結果也截然不同。

有一位顧客到鞋店裡去買鞋子，當門市人員拿來鞋子給她試穿時，發現她的一隻腳比另一隻腳大，於是說：「喲，妳這隻腳比那隻腳大呀！」顧客氣沖沖的走出了店門；而在另一家鞋店，門市人員換了一種說法卻使她很高興：「這隻腳比那隻腳小呀！」大多數人喜歡纖細的身材，體形苗條是潮流的追求，因此，在推銷時考慮抓住這層心理去讚美，會讓你的推銷更順利。

適時的加以讚美，在行銷過程中可助你一臂之力。讚美也是一門藝術，語言要恰到好處、生動活潑、貼切實際，切莫漫無邊際、不假思索的大加讚美，聽者若覺得你在拍他的馬屁，對你產生厭煩，就更不用談推銷產品了。

銷售人員用這種讚美對方的方式開始推銷洽談，很容易獲得客戶對自己的好感，推銷成功的希望也大為增加。每一個人都喜歡被讚美，每當你看到客戶所做的事或所得到的成就值得被讚美時，一定要把它提出來，並且告訴他們，你非常羨慕他所擁有的成就。

每當你讚美客戶的成就、特質、財產時，就會提高他的自我肯定，讓他更得意。只要你的讚美是發自內心的，別人就會因為你而得到正面肯定的影響，進而對你產生好感，增加對你的滿意度。

對你的顧客說一些讚美的話，這只需要花費幾秒鐘的時間，卻能夠增加人與人之間無限的善意。真心的讚美有以下幾種：

（1）稱讚顧客的衣著。「我很喜歡你的領帶！」或者是「你穿的毛衣很好看。」

（2）稱讚顧客的小孩。「你的兒子真是可愛！」或者是「你女兒好漂亮，她幾歲？」

（3）稱讚顧客的行為。「對不起，讓您久等了，您真有耐心。」或者是「我發現你剛剛正在檢查……，你真是個謹慎的消費者。」

（4）稱讚顧客自己擁有的東西。「我喜歡你的汽車，這輛車是哪一年出廠的？」或者是「我發現你戴著一只冠軍戒指，你是這一隊的球員嗎？」

賣的智慧

讚美要符合顧客心理，用真誠、得體的話語打動顧客的心。

第五章　市場決定下場，一切都要圍著市場「賣」

在商場中，市場經濟的變化之快，銷售手法是否符合產品特色，主要看它能否滿足顧客的消費需求，能否適應市場需求。市場決定著產品是否賣得長久，占領了市場就等於有了銷售管道。

GOOD PRODUCT

1　選好領域，輕鬆賣

做生意就要找一個好的領域，只有好的領域才能更快把產品賣出去，你才能輕鬆賺到錢，以下這些領域可能會使你賣得容易一些：

（1）延年益壽領域

雖然青春是花再多的錢也買不到的，但是人們為了留住青春、防止衰老，是不惜金錢的。

（2）滿足人的虛榮心領域

雖然虛榮心最要不得，但是人都有一點虛榮心。人人都希望別人覺得自己很偉大，自己很重要、很了不起，所以在這個領域裡，你一定會大有作為。

（3）休閒娛樂領域

原始人一般情況下不會想到休閒和娛樂，因為在那時人們首先要考慮活下去；而等人們有了一點錢，休閒的欲望就產生了，隨著錢越來越多，人的這種欲望就越來越強烈。

（4）「物以稀為貴」的領域

人類永遠都不能抗拒稀少物品的誘惑，如果有人說蘿蔔白菜馬上要在地球上絕跡，立刻就會有人高價搶購。不要擔心定價太高不會有人問津，只要你的東西真的「稀有」或者你能將它說得「稀有」，就不擔心沒有買主。

（5）為人提供方便的領域

從某種意義上說，人是一種懶惰的動物，科學技術的發明就是要讓人能夠越來越「懶惰」。只要你的產品能夠滿足人們這種願望，你的產品肯定會熱銷。

（6）「子女」領域

父母無一例外都望子成龍、望女成鳳，他們不能委屈下一代，那麼你也不妨把你的創業方向轉移到這個領域。

（7）高級或廉價領域

無論什麼樣的社會，都存在著高收入階層和低收入階層。高收入階層自然會將自己的消費定位於高價物品之上，而低收入階層自然會把目光盯在廉價物品上。再貴的東西都有人買，再便宜的東西也有人買，把握住這種傾向，將你創業的目光投向這個領域。

當然，賺錢的領域多的是，只要你肯多動動腦筋，勇於跳出常規去考慮問題，黃土也能生出鈔票，石頭隨時會變成金條。

事實說明，企業能否在市場競爭中生機勃發，關鍵不在於它生產的產品大小，而在於銷售手法是否符合產品特色，能否滿足顧客的消費需求並適應市場需求。

賣的智慧

選中領域，才能賣得順風順水。

2　市場空隙，就是賣的空檔

縫隙市場的好處之一是可以減少競爭，市場有許許多多的空隙，就看你能不能找到。

首先，要從差異性入手去尋找市場的空隙。

供求差異就是賣的商機，在市場經濟條件下，供求總有一定差異，供求差異正是賣的商機。做生意必須把握市場的供求差異，才能找到縫隙市場。

（1）市場需求總量與供應總量的差額

市場需求總量與供應總量的差額就是企業可以捕捉的商機。假如都市家庭中洗衣機的市場需求總量為一百，而市場供應量只有百分之七十，那麼，對企業來說就有百分之三十的市場機會可供選擇和開拓。

（2）市場供應產品結構和市場需求結構的差異

市場供應產品結構和市場需求結構的差異是企業可以捕捉的商機。產品的結構包括品項、規格、款式、花色等，有時市場需求總量平穩，但是結構不平衡，仍會留下需求「空隙」，企業如果能分析供需結構差異，便可捕捉到商機。

（3）消費者需求層次的差異

消費者需求層次的差異也是企業可以捕捉的商機。消費者的需求層次是不同的，不同層次消費者的需求中總有尚未滿足的部分。有的收入極高而社會上卻沒有可供消費的高級商品或服務；有的則消費水準過低而社會上卻忽視了他們需求的極便宜商品，而這些就是企業開拓市場的機會。

其次，要在市場的「邊邊角角」上做文章。

邊邊角角往往易被人忽視，而這也正是企業可以利用的空隙。尤其是小型企業，要充分發揮靈活多變、更新快的特點，瞄準邊角，透過合理的經營增強自己的競爭實力，最終達到占領目標市場的目的。

有這樣一個例子：

日本東京有家面積僅為二十五坪的不動產公司。有人向這個公司推銷一塊幾百坪的山間土地，對這塊土地，其他不動產商都不感興趣，因為那塊地人跡罕至，亦無任何公共設施，不動產價值被認為等於零。然而公司老闆渡邊卻認為，都市現在已是人擠人了，回歸大自然將是不可遏制的潮流。他毫不猶豫的拿出全部財產，又大量借債將地買了下來，並將其細分為農園用地和別墅用地。之後他大做廣告，其廣告醒目、動人，充分抓住山地青山綠水、白雲果樹特色，適應了都市人嚮往大自然的心理，結果不到一年，土地就賣出了五分之四，淨賺了五十億日元。

渡邊的成功正是因為他抓住了別人不屑做的「邊角」生意。這也正如他所說的：「別人認為千萬做不得的生意，或是不屑做的生意，這種生意往往隱藏著極大的機會，因為沒有人跟你競爭，所以做起來穩如泰山，鈔票就會滾滾而來——重要的是捕捉住機會。」

每個企業都有它特定的經營領域。比如木材加工公司所面對的就是家具及其他木製品經營領域，廣告企劃公司所面對的是廣告經營領域。對於出現在本企業經營領域內的市場機會，我們稱之為行業市場機會；對於在不同企業之間的交叉與結合部分出現的市場機會，我們稱之為邊緣市場機會。

一般來說，企業對行業市場機會比較重視，因為它能充分利用自身的優勢和經驗，發現、尋找和識別的難度係數小，但是它會因遭到同行業的激烈競爭而失去或降低成功的機會。由於各企業都比較重視行業的主要領域，因而在行業與行業之間有時會出現夾縫和真空地帶，無人涉足。它比較隱蔽，難於發現，需要有豐富的想像力和大膽的開拓精神才能發現和開拓。例如，美國由於航太技術的發展出現了許多邊緣機會，有人把傳統的殯葬業與新興的航太工業結合起來，產生了「太空殯葬業」，生意非常興隆。

商界競爭非常激烈，很多公司的老闆常常說，人家大公司已經壟斷了市場，我們沒有機會與他們競爭，於是就失去了自己做一番事業的信心。其實這種思想就是你沒有開發自己的智慧，只要你不斷的進行市場調查，就能夠發現市場始終有一些大公司忽視的空缺，抓住這種空缺就能在大公司的夾縫中發展壯大。

賣的智慧

縫隙市場是一塊「肥肉」。

3 錯位經營，最好賣

在競爭異常激烈的商戰中，「千軍萬馬過獨木橋，落得人仰馬翻」是常事。記得有一位經濟學家曾經講過一段很有哲理的話：如果一個猶太人在美國某地開了一間修車廠，那麼第二個來此地的猶太人，一定會想方設法在那裡開一間餐飲店。

從以上的話語中，我們不難看出，經商辦店一定要懂得錯位經營，凡是在角逐激烈的市場上取得成功的經營者，都有一種獨立的個性，他們的經營思路就是規避競爭，因而他們往往能輕鬆的獲得利益。

從前，在美國的飲料市場是被兩大可樂公司所壟斷，作為後來問世的新飲料——七喜，如何才能突破壟斷、搶占市場呢？

當時的美國人在口味上已經習慣於可樂飲料，而且在思考方式上也拘泥於可樂才是飲料。如何打破可樂在消費者心目中的統治地位呢？七喜公司打破了傳統的邏輯習慣和思考方式，到飲用者的頭腦中去找產品的位置。他們大膽的提出「非可樂」的產品位置，這一語破天驚的口號被美國的廣告界稱為「輝煌的口號」，也正是「非可樂」這一簡單有力的口號，使七喜脫離開硝煙彌漫的可樂競爭圈，以清新的口味贏得了消費者。這個策略口號打出的第一年，七喜的銷售量上升了百分之十五。後來某間公司收購了七喜公司，又使用「美國轉向七喜」這一定位策略，雖然沒有改變大眾對可樂的消費口味，但卻奪走了非可樂飲料的生意。

七喜公司採用了兩級劃分的方法，把飲料市場劃分為可樂產品和非可樂產品兩大部分，將七喜定位為非可樂產品，這就與兩大可樂公司的產品有了明確的區分，突出了七喜與可樂產品反其道而行的產品形象，既給消費者留下了深刻的形象，又避開了兩大可樂公司之間的激烈競爭，使其可以集中贏得非可樂產品市場的霸主地位。

行銷的最高境界是互補而非競爭。錯位競爭是一種互補性、代價低、風險小的競爭方式，尋市場空白點、力求形成自家特色是錯位競爭的兩個著力點。

有個年輕的山村女人決定憑自己的智慧賺錢，就跟著人家一起來到山上，開山賣石頭。

當別人把石塊砸成石子、運到路邊，賣給附近建築房屋的人的時候，這個女人竟把石塊運到碼頭，賣給花鳥商人，因為她覺得這裡的石頭奇形怪狀，賣重量不如賣造型。就這樣，這個突發奇想的女人很快就富裕起來了。

一年後，賣怪石的女人，成了村子裡第一座漂亮瓦房的主人。

後來，不許開山，只許種樹，於是這裡成了果園。

當地的梨子汁濃肉脆，香甜無比。每到秋天，漫山遍野的梨子引來了四面八方的客商，鄉親們把堆積如山的梨子整車運往大城市，然後再發往韓國和日本。梨子帶來了一段好日子，村民們歡呼雀躍。這時候，那個賣怪石的女人卻賣掉果樹，開始種柳枝，因為她發現來這裡的客商不怕挑不上好梨，只怕買不到裝梨的筐子。

三年後，她成了村子裡第一個蓋洋樓的人。

從心理學的角度來看，那些能夠靈活掌控市場的商人，總是不按常理出牌，不遵循一定的遊戲規則，甚至自創遊戲規則來控制別人，進而賺取財富和獲得成就。成功商人與不成功商人的差異就在於思考模式的不同。因此，成為一個成功商人的關鍵，不在於理財觀念和專業知識，而在於一個人的思考模式和算計本領。

人云亦云、隨波逐流是一般人的思考方式，卻是市場經營的大敵。對一個問題要從多種角度去觀察、去思考，要透過現象看本質，只有這樣才能在市場經濟的大潮中站穩腳跟。

賣的智慧

你有我沒有，我沒有你有。

4　產品入市，先要「定位」

「知可以戰與不可以戰才勝。」這是《孫子兵法》預知勝利的方法之一，對於一間企業來說，關鍵就是要做好市場調查，只有了解潛在市場，才能吸引到客戶。

黃先生高中畢業後，承包了門市部賣彩色電視機，開始了自己的創業生涯。後來，他又成立了電工儀表廠器材部，賣儀表、電纜等電工設備。他直接把上游供貨廠家的產品「請」到店裡，解決了供貨問題；又透過建立信譽、培養感情，解決了市場問題。

但是，黃先生在生意最順的時候栽了一個大跟頭。當時他的電工設備生意仍然很好，但是利潤已經薄了很多，市場競爭也更趨激烈，黃先生認為必須趁早轉型。於是他投鉅資代理了美國一個汽車節能產品，到各地公關，並大批散發試用，歷時三年、投入上千萬，還是沒有起色。數年後，他又投資幾百萬，還是再次失敗，最後把自家的房子都抵押出去了。

那麼，究竟是什麼原因讓黃先生遭遇了滑鐵盧呢？歸結到一點，就是沒做市場調查。調查是決策的前提，沒有準確的市場調查，一切都無從談起，再大的投資也會打水漂。

沒有調查就沒有發言權，在經營市場的過程中，需要做好市場的調查，才能針對調整經營方式去適應變化多端的市場風雲。我們知道市場競爭非常激烈，硬性競爭只會導致兩敗俱傷。一些精明的商家巧妙的避開硬性競爭、採取柔性競爭策略，在買方市場中做出賣方市場的生意來；之所以能夠做到這一點，就是透過市場調查尋找市場的盲點，開闢經營之路。

一家生產皮鞋的企業，經過市場調查發現一個市場盲點：這世界仍有不少特殊腳型的人，因為沒有合適的皮鞋而抱憾多時。於是，他們以這一市場盲點為商機，研製了特寬、特長、雙腳尺寸有差異、雙腿長度有差異等特殊尺寸皮鞋，還登報宣傳為特殊腳型者提供訂做服務。消息傳出，生意絡繹不絕。

由此可見，企業要想更好的開闢經營之路，就要注重市調研究和經驗總結。企業在經營過程中，無可避免會犯錯誤，會經歷挫折和失敗，也會經歷市場低谷和市場危機，但是這些過程對於經營者來說，同樣是一個進行管理實踐的好時機，管理者正是在企業的發展過程中，實踐和總結了適合企業自身發展的市場。

某連鎖西餐業公司是一個成功的例子。它的發展就是在借鑑了西方成功經驗的基礎上，認真研究了各地的消費水準以及人們獨特的生活習慣，找到了最符合自身發展的市場規律。該西餐業充分考慮了現有市場競爭中的空白點，打破了西餐消費水準偏高、不完全符合當地人口味的缺點，發展了自身優勢，為其快速發展奠定了堅固基礎。接著做到了技術標準化、配方科學化、生產工業化和技術規範化，並樹立了自己獨特的品牌形象，憑藉著標準化管理和連鎖經營模式迅速贏得了當地人的喜愛，形成了自己的規模優勢，適應了當地人的需求。

企業經營者要知道調查研究的重要性。調查研究可以是對形勢的了解、對環境的勘查、對競爭對手的試探，根據某些資料的資訊，對自身各種情況進行綜合分析，才能做出最佳的經營策略。

市場調查是一門研究市場需求變化發展規律的科學。從某種意義上講，能否做好市場調查是公司主動出擊成敗的關鍵。

透過市場調查，在分析市場競爭形勢與消費者的需求後，常常可以發現有競爭的空白位置或消費者沒有得到滿足的需求。這就是市場給予的機會，為公司提供了潛在的市場，需要生產者去開拓創造。

產品「定位」是市場經濟發展到一定程度的產物。所謂產品「定位」，就是生產者賦予產品獨具的魅力和特色，使產品憑藉這些特點，能在市場競爭中與異彩紛呈的同類產品區別開來，占據自己特定的位置，從而贏得消費者的注意和喜愛，產生購買欲，這是理想的「定位」效果。

每一種「定位」效果好的產品，都不是靠想像出來的。產品入市先「定位」，使市場調查走在行銷的前面，從而把握市場的主動權，最終占領市場。

在做市場調查的時候，千萬不要主觀的認為自己說的客戶就會相信，重要的是你要去了解消費者或客戶到底需要什麼樣的產品。

由此可見，公司透過不斷的進行市場調查，確定自己的創新方向、不斷開發新產品，然後再運用多種行銷手段將其推向市場，這是占領市場的必經之路。

賣的智慧

做好市場調查，開闢賣的潛在市場。

5　賣，要尋找市場冷門

做生意大家都喜歡把眼光放在熱門生意上，其實，冷門生意更容易獲得成功。「走冷門」這種反其道而賣之的「手腕」，有時更能得到消費者的青睞。

用「寵物服裝」打開財富之門的老闆李小姐就是其中的一位。隨著當地冒出了許多外地進來的獨資服裝公司，他們憑著實力雄厚的資金，將制服的加工價格壓得很低，為了併吞當地小廠，那些同行寧肯不賺錢也要想方設法拿到訂單。他們不僅擁有一批資深服裝設計師，而且生產設備也很先進。在殘酷競爭中，李小姐敗得很慘，賺到的錢根本不夠支付員工薪水，她漸漸陷入了入不敷出的窘境。此時的李小姐知道：想在激烈競爭中站穩腳，只能另闢蹊徑了。

在生意場上工作幾年後，李小姐已漸漸培養出敏感的眼光。後來，李小姐終於興奮的從報紙上捕捉到了一條商機。一篇文章聲稱，隨著人們的生活日益富裕，一個龐大的寵物消費市場正在形成，諸如寵物醫院、寵物用品商店、寵物服裝店、寵物婚介中心、寵物美容中心、寵物攝影等等，於是李小姐便走向了一個「賺寵物錢」的發展空間。

經過一段時間的市場考察，李小姐先著手設計了較便宜的「寵物服」，如小狗無袖背心、短褲等，每件出廠價一百元左右；後來又設計了較高等級的，如純棉連衣裙、寵物休閒裝等；另外還有寵物鞋、寵物圍兜一類的配件，直到組成了一系列的寵物服飾。李小姐和她的員工們充分利用自己廠裡加工服裝剩餘的碎布條、布塊，經過巧妙拼接，那些本來準備當「垃圾」處理掉的布塊，搖身一變成了五顏六色的「寵物時裝」。

歷經五年的風風雨雨，如今李小姐成為「身價千萬」的老闆，隨著規模的擴大，她又籌建一個「寵物世界」購物中心，後來她還開設寵物洗浴中心、寵物超市、寵物醫院和寵物服飾專賣店等，真正形成一個寵物世界一體化的格局。

從以上的案例中，我們不難看出，善於去做別人不做的產品，競爭對手就會少了許多，賣的市場也就大了起來。

賣的智慧
冷門產品，更容易賣。

6　賣產品，情報資訊少不了

在商戰中，資訊就意味著商機；搶得商機，就能先發制人。具有驚人的敏銳目光、能夠抓住重要資訊的老闆，才能獲得成功。

「要說創業經歷和致富祕訣，最大的體會是必須獲得可靠的情報。」某養鴨坊老闆陳女士這樣說。陳女士是遠近聞名的「鴨司令」，做生意十一年來，事業蒸蒸日上，近年來年銷售苗鴨超過兩百萬隻，成為致富能手。

在養鴨坊，十多個大型木質「孵化箱」格外引人注目。透過箱子小窗看去，只見黃澄澄的燈光下，一隻隻毛茸茸的小苗鴨正破殼而出，發出吱吱的聲音。陳女士的企業是一個集種鴨養殖、種蛋孵化、苗鴨銷售為一體的養鴨基地，而苗鴨如果二十四小時內銷售不出去，就活不了多久，因此，建立「情報網」比什麼都重要。

她必須在最短時間內知道哪些地區需要苗鴨，哪些地區銷售價格最高……十一年前，陳女士最初做這個養鴨生意時，就開始構建自己的「情報網」。陳女士經常到各地走訪，聯絡溝通、融洽感情。「每週至少電話聯絡一次，每趟至少聯絡七八個人，然後對他們提供的資訊進行分析，判斷一個時段內的最新市場動態、走向，最後就是決策，這麼做可避免虛假資訊，獲得準確情報。」陳女士說。

商機往往可遇而不可求。一年春天，多位情報提供人反映，市場成鴨銷量旺盛，苗鴨價格開始攀升。

她對眾多情報評估後，立即對自己養鴨坊進行測算，結果發現要保持孵化設備滿負荷運作，種蛋會無法及時供應。陳女士當即以每公斤近一百五十元的價格購進種蛋進行孵化，確保孵化總量上揚。苗鴨市場價格急劇上漲，由前期的每隻五元漲至三十幾元，養鴨坊取得了前所未有的收益。

某天她得知，大量的外地企業紛紛轉行做鴨坊。「苗鴨市價肯定會跌！」陳女士乾脆減少產量，自己當起苗鴨經紀人，為那些新鴨坊「牽線」做生意。隔年苗鴨價格暴跌，一度跌至每隻不到兩塊錢，一些小型鴨坊失敗了，紛紛退出這一領域。陳女士的養鴨坊則抓住機遇，低價收購這些設備，把規模做大。

一次次情報帶來的成功，增添了陳女士的創業信心。企業擴大規模後，她每天清晨四五點鐘起床，清掃、收蛋、裝苗鴨。光有勤快還不夠，產品等級和技術水準必須提高。種鴨基地引進了櫻桃鴨，她從「情報網」得知，這一品項種鴨雖然長勢快、肉多味美，但是腿短身重，在高低不平的地上行走易骨折。

陳女士和同伴搬來幾萬塊磚，鋪出兩百多坪的運動場，讓這些種鴨健康成長。

近幾年來，養鴨坊先後遭遇禽流感衝擊，陳女士憑藉自身「情報網」克服種種困難，雖然做出一定犧牲，但是保存了基本實力。如今她的企業成為當地規模最大的鴨坊之一，陳女士在鴨坊的商場上無疑是一名成功企業家。

做生意如上戰場，掌握情報就等於掌握了商機，掌握了情報就等於手握上黃金。

做生意一定要培養敏銳的洞察力，這就需要我們平日要多加留心身邊的各種事物。而且光有資訊還是不夠的，還要對資訊進行具體的分析，這樣才能得出正確的結論、做出正確的抉擇。

商界競爭能否取勝，關鍵在於能否掌握市場資訊，其實資訊隨時都會產生，只要我們具備一種洞察的嗅覺足矣——一個精明的商人是不會放過任何一點有用的資訊的。

賣的智慧

掌握資訊需要細膩的觸角、靈敏的嗅覺。

7 賣產品，也要細分市場

處處留心，處處有商機；事事在意，隨時可發財。在任何市場、任何時間，都有頗多的市場等著有心之人去發現和挖掘，這對於任何經營者來說，都是機遇與挑戰並存、希望和困難同在。

一個市場往往可以細分為多個小市場，公司透過對市場的細分，可以從中發現未被滿足的市場，從而也就捕捉到了發展的商機。

某知名肉雞公司，擅長「分段」計價，一隻雞賣出了三隻雞的好價錢，僅創匯效益就提高了三倍之多。該肉雞公司一改過去賣整隻雞的傳統行銷方法，採取細分割、拆件等方式，加工成二十五種規格不同的雞塊，其中二十種已「分段」計價出口到二十多個國家和地區。

該肉雞公司透過市場調查發現，不同地域、不同國籍的肉雞消費者各有偏好，因此就來個分別對待。例如：雞腿肉大量出口日本，賣價不斐；雞胸肉則是歐洲菜烹製美味佳餚的主要肉食之一，大量出口到瑞士等歐洲國家；而雞翅膀、雞內臟則販賣於當地市場。

除了細分割、拆件賣，該肉雞公司的「精營」還表現在對分割後的肉雞進行精、深、細加工，採取當今市場最高衛生標準，運用肉雞熟食加工最新工藝技術，實現了從冷凍整雞、分割冰鮮雞到熟化雞分割拆件出口。並由最初的粗分精進到現在的細分，對肉腿的腿、胸、翅根、翅等再細分出許多產品，如同樣是雞翅膀，便再分解為翅中、翅腿、翅尖、脫骨翅中、翅中半切、蝴蝶翅等十多個品項規格……如此「精營」，哪有虧損的道理？

在市場中，不同的消費者有不同的欲望和需求，因而產生不同的購買習慣和行為。正因為如此，可以把整個市場細分為若干個不同的子市場，每一個子市場都有一個有相似需求的消費族群。

從某種意義上來說，企業老闆如果只把自己當成做買賣的商人，而不把自己視為管理哲學家、社會文化學家，那就永遠成不了氣候。成功公司的機遇也許並不完全一樣，但是在如何「精營」這個出發點上卻有驚人的相似之處。

日本資生堂公司一九八二年對日本女性化妝品市場做調查研究，按年齡把所有潛在的女性顧客分為四種類型：第一種類型為十五至十七歲的女性消費者，她們正當妙齡，講究打扮，追求潮流，對化妝品的需求意識較強烈，購買的往往是單一的化妝品；第二種類型為十八至二十四歲的女性消費者，她們對化妝品也非常關心，採取積極的消費行動，只要是中意的化妝品，價格再高也在所不惜，這一類女性消費者往往購買整套化妝品；第三種類型為二十五至三十四歲的女性，她們大多數人已結婚，因此對化妝品的需求心理和購買行為也有所變化，化妝也是她們的日常生活習慣；第四種類型為三十五歲以上的女性消費者，她們顯示了對單一化妝品的需求。公司針對不同類型的消費者，制定了正確可行的銷售政策，取得了經營的成功。

你想辦好公司就不可粗心，要仔細留意市場中隱藏的商機祕密，否則你將會遇到許多挫折，甚至遭受重創。凡事只要多留一點心，就可以解決好多問題。

賣的智慧

會經營不如會「精營」。

8 賣，不能演獨角戲

有專家忠告說：「別指望壟斷性的獨門獨店生意能賺到錢，賺大錢就必須把自己融入大市場中去才行，因為每一個購買者都具有自己選擇的權利和心理。」由此可見，要把商業融進大市場裡面，絕不能唱獨角戲。

有一家公司，擁有半條街的黃金店面，這條街附近是很大的一個住宅區，公司由於十幾年來業務不景氣，只好撤了門市對外招租。

有一對夫婦，率先在這裡租店面，開了風味小吃店，生意竟出奇的好。於是，賣麻辣燙的、賣滷味的、賣烤肉串的、賣鹽酥雞的、賣鹽水雞的，賣刀削麵的……全聚到了這條街上來，這條街上人聲鼎沸，很快成了遠近有名的一條小吃街。

見承租的生意這麼誇張，公司再也坐不住了。收回了對外招租的全部黃金店面，所有在這裡經營各種風味小吃的都離開了，改經營餐飲有限公司，以小吃為特色。但是沒料到僅僅幾個月，這條街又冷清起來，許多來往於這條街上的食客竟然慢慢不再來了；公司的效益也出奇的差，自己獨家做生意的收入竟然沒有房租的收入高。

公司經理百思不得其解，去詢問一個德高望重的老市場研究專家。專家微笑著問他說：「如果你要吃飯，是到一條只有一家餐廳的街上去，還是要到一條有幾十家餐廳的街上去？」

經理說：「當然哪裡餐廳多、選擇多，我就會到那裡去。」

專家聽了，微微一笑說：「那麼你的公司壟斷了這條街巷的小吃生意，跟同一條街上只有一家餐廳有什麼不同呢？」

經理猛然醒悟，又將黃金店面對外招租，這條街巷的生意頓時又恢復了昔日的熱鬧。

商業買賣，要融進大市場，不能遠離了大市場，遠離大市場就等於遠離了客源，這是每一個成熟的商人都最清楚的經營之道。

一個商人要在服裝大市場開一間服裝精品屋，他準備租下服裝市場最前端的三間黃金店面，他的意思是顧客差不多都是從前面過來，一來就首先到了他的店裡，自己肯定就能占了服裝市場的頭等生意。

另一位朋友聽了他的打算後，搖頭說：「一個市場的第一間店，其實並沒有占地利啊。」朋友不相信——一個市場的第一間店，怎麼說占不上這個市場的地利呢？

那個朋友問他說：「你每次到市場上買東西，是不是見了就買呢？」

他說：「怎麼能見了就買呢？至少要貨比三家，走一走、看一看、挑一挑吧。」

那個朋友微微一笑說：「其實誰買東西都要走一走、看一看、挑一挑，不會一見就立刻買。你的店開在市場的最前端，顧客可能一進市場就迎頭走進你的店，但是他們和你一樣，不會立刻就買的，他們會到別的店走一走、看一看，然後才會決定在哪裡購買。見了就買，那不是傻子嗎？」那個朋友頓了頓說，「想依靠市場的第一間店的位置來多招攬生意，怎麼可能呢？」

哪個顧客購物，不是先走一走、看一看、挑一挑呢？這是每個顧客購物時的普遍心理，沒有人不會貨比三家的。就像一潭湖水，靠近湖岸的總是最淺的，沒有人會在岸邊打魚，大魚總在潭的最深處，所以打魚人總是要到潭的最深處。

第一間店何嘗不是離岸最近的「淺水」呢？誰會相信淺水裡藏大魚呢？之後，這位朋友在市場中間租下店面，結果效益非常好。理解市場、理解消費者，就能夠利用市場賣出自己的商品。

賣的智慧

賣，要融入市場裡，不能唱獨角戲。

9 有創意的產品，市場無限

在商業化的社會，如果用大家慣用的思考去做生意，是很難取得成功的；只有改變思路，生產與常人不同的產品，才能出現出人意料的銷路，從而獲得成功。

一條思路就是一條成功之路，一個新產品就是一股生產力，以新產品創造新需求，這樣賣，財富就會源源不斷的進入你的腰包。

在名勝地區有個野雞養殖場，場裡飼養著各種色彩豔麗的野雞及野雞與家雞的雜交雞。在養殖場裡還有一家專做野雞宴的餐館，供遊客在欣賞野雞後，品嘗美味的野雞肉。

養殖場的主人叫春霞，一位普通而幹練的農村婦女，我們不能不為她的創意所折服——她的成功故事是從一次收割豬草開始的。

那天傍晚，她在附近山上收割豬草時，意外的發現了六枚野雞蛋。她把這些蛋拾回家中，並沒有吃它們，而是把它們放到了正在孵小雞的老母雞窩裡。

六隻小野雞很快就被孵出來了，不久便長成了大野雞。在她的精心飼養下，大野雞又生蛋了，牠們又孵了小野雞出來。

就這樣，雞生蛋，蛋長成雞。三年後，她竟在小山溝裡蓋起了一個野雞養殖場。沒過多久，她養的野雞就出了名，很多遊客都慕名前來購買她的野雞。這麼大的需求量，她的貨很快就供不應求了。於是她靈機一動，產生了一個新想法——把家雞與野雞進行雜交，培養雜交野雞。經過幾個月的試驗，她果然成功了。那些雜交野雞，既有家雞體型大的特點，又有野雞肉質美的優點。而且在雜交的過程中，還產生了很多新的品種。那些長著各式各樣漂亮羽毛的雜交野雞，看上去漂亮極了。由於到她這裡來的遊客甚多，這使她又產生了新的想法——開一個野雞觀賞園。

各種漂亮的野雞，很快吸引了許多外地遊客。在野雞園旁，她又開了一家野味餐館，讓遊客們在參觀了野雞園之後，品嘗現殺現燒的野雞肉。一時間銷路看好、財源滾滾，沒過幾年，她就成了遠近聞名的千萬富婆。

創意並不是用了什麼特殊手段，只不過是他們比常人多想一點點，就這樣多想一點點、多嘗試一點點，你的產品就會在市場上獨領風騷。善於創意的人總是走在時代的前列，他們擁有超前的智慧，不斷的創舉引起市場強烈的震撼，這樣的人做生意，不賺大錢都難。

農夫出身的王先生僅僅國中學歷，憑藉自己多年的工作經驗，後來獨立創業，而今他的總資產已達兩千多萬。在王先生看來，自己的人生之所以會有如此巨變，是他能用獨特的思路去尋求財源。

王先生出生於一個偏僻的小村莊，因家境貧窮，他讀到國中畢業就開始工作了。剛開始，一無資金、二無文憑、三無背景的王先生隻身一人來到異地。之後的幾年，王先生擺攤賣過水果，後來又做起了服裝生意，七年後，他已經小有積蓄。王先生始終忘不了自己因貧困輟學的往事，他想開一間書店。這個時候，困惑也隨之而來了：自己沒有多少學問，可以開書店嗎？會不會浪費了錢？輾轉反側多日之後，王先生開始了長達一年的準備。他用幾個月的時間來考察市場，國內的各大出版社、各大書店他幾乎跑遍，把看到的一一記在心裡。在確信學到了最先進的經營理念和經驗後，隔年年底，王先生將招牌掛在了某市一個繁華店面上。這時候的書店僅有三十坪，小歸小，但是擺設講究精緻、品項齊全豐富，再加上採用電腦管理，其模式在當地是最先進的，一開張就引起了讀者的興趣，生意相當好。

此時王先生碰到的問題是依靠打折、坐等讀者上門購書無論如何也不可能迅速擴張，更有可能被對手逼入絕境。於是他開始對書店經營進行整體活動策劃，由此引起了很大震撼。

最開始是策劃將炙手可熱的語言學習書引進書店。王先生很清楚的記得，當書店向作者發出邀請的時候，作者的助手以很忙為理由推脫了。王先生沒有輕易放棄自己的計畫，他馬不停蹄的跟隨作者的「瘋狂英語演講團」在各地奔波，最後不僅達到了預期的目的，還專門開闢了瘋狂英語培訓基地。當英語愛好者為「瘋狂英語」而瘋狂時，書店作為引進者備受關注，爭取到了大量讀者。

幾乎是在同一時間，王先生策劃的「讀書節」也新鮮出籠。在讀書節期間，書店向讀者贈送了兩百萬元的圖書，書店因此聲名大振，讀者群急速擴張，銷量成倍成長，一年內連續收購了其他書店，一躍成為了當地圖書市場的霸主。

在完成第二次擴張的過程中，王先生又生出了新的困惑：書店除了賣書，就不能賣點別的嗎？這個時候的王先生已經為自己的書店找到了新的定位，即要打造規模量大、品味最高的文化企業。

幾年後，王先生精心準備的文化超市開業。一千坪的文化超市不僅匯聚了品項齊全的書目，還增加了文具用品、音樂產品、樂器、工藝美術品等，他的企業走上了文化產品多元化之路。

王先生用了四年的時間，將一間營業面積僅有三十坪的小書店，發展成為擁有一千坪的文化超市。

賣產品也要改變思路，有創意才能吸引消費者的注意力，在社會競爭日益激烈的今天，只有創新的賣才能打開市場，走上財富之路。

賣的智慧

創新的賣才能打開通路。

第六章　先造聲勢，再賣產品

消費者在決定購買某一商品時，會受到一種潛意識的影響。商品資訊刺激的次數越多、越強烈，潛意識中對商品的烙印也就越深刻，對商品的購買和消費就成為一種無意識行為。由於總是習慣消費自己熟悉的商品，對商家而言，反覆的宣傳在顧客心中造成強烈的印象，就是至關重要的問題。

GOOD PRODUCT

1 產品品質好，還要宣傳好

在某些情況下，甚至可以採取「兵馬未動，廣告先行」的辦法，也就是先造聲勢，再造產品。因為那種「關門造車」的時代已經一去不復返了，企業只有大打宣傳，你的產品才能深入消費者的心。

俗話說「酒香也怕巷子深」，想讓顧客接受你的產品，除了品質好，還得做好宣傳工作，做廣告就是攻占消費者的心理。

人們在決定購買某一商品時，會受到一種潛意識的影響。商品資訊刺激的次數越多、越強烈，人們潛意識中商品的烙印也就越深刻，消費意識行為也就越強烈。

對商家來講，反覆的宣傳在顧客心中造成強烈的印象，就是至關重要的問題。著名的美國可口可樂公司，正是利用了顧客的這一消費心理，以鋪天蓋地的廣告大戰，奠定了可口可樂獨占世界飲料業龍頭的至尊地位。

對於小公司來說，因為資金有限，產品及服務往往又局限在某一地區、某一範圍之內，要擴大自己的影響、提高知名度並得到社會的認可，首先要考慮的是自己的「錢包」，看看應投入多少廣告費用才合適。因為大的廣告費用的投入未必會使銷售額得以提升，而小的廣告費用的投入也未必就會失敗，關鍵是如何製造出好的廣告效果。那種言過其實、將產品吹上天的廣告，雖然可能使你獲得收益，但那只是一次性的買賣，是不具有長久性的。

常言道：一分錢一分貨。你如果是一個小公司、小企業的經營者，自然不會借用幾百萬、幾千萬的的鉅款去裝飾你的廣告，可是在你能負擔的範圍內要捨得花錢，才會有更大的收穫。

有些企業認為，只要捨得花錢打廣告，就是廣告意識強。這種認知是片面的，其結果是使企業廣告成了一種鬥富的遊戲，廣告被引入歧途。

某些公司由於規模的迅速擴大和市場占有率的急劇上升，因財力的增強而顯得財大氣粗，以致在決策中不免出現失誤，以為有錢就有一切，就能改變一切和保持一切。殊不知這種暫時的強大蒙蔽了決策者的眼睛，尤其是那些目光短淺的決策者，因而也就預示著它的衰退。

公司企業若財大氣粗，當然更容易在廣告上大手筆做大文章。然而現實告訴我們，廣告並不是唯一重要的，市場調查同樣也是不可少的。如果我們缺少對零售商、消費者、商場等必要的市場調查，就有可能是「盲人騎瞎馬，夜半臨深池」。

有時候，某一行業在某一地區的市場已處於飽和狀態，而此時進行大量的廣告轟擊明顯便是一種無效的行為。這樣做會造成廣告資金大量流失，廣告投入與產出不成比例，空耗錢財。

一個公司在決定採用何種方法從事廣告運作時，必須綜合考慮企業的行銷要素組合以及廣告產品的生命週期在不同階段的特性。當推出新的產品之時，以擴大市場覆蓋率、提高知名度為目標，廣告費用投入較大，要具有較為強大的廣告攻勢。當產品已經為市場所接納、銷售量在快速上升時，行銷的主要目標是擴大市場占有率，廣告目標就在於建立客戶對企業及其產品的信任，這時廣告費用可以酌減，維持在一個較低的水準，但是也不能放鬆，更不應放棄廣告運作策略，以免功虧一簣。在產品衰退期，由於新產品出現，市場經營困難重重，利潤不斷下滑，產品面臨更新淘汰的選擇，這時企業應當依據行銷發展目標，及早做出撤退還是據守反擊的決定。若是選擇後者，就應力保原有市場，加速產品更新換代，尋求商品廣告宣傳的新個性，以適合新的市場需求。

如果你在進行廣告運作時犯了錯誤，出了紕漏，也不必失望。可以想一下，大型廣告公司也有犯錯的時候。如果你做的某些廣告並不能實現你心中增加銷售的願望，也大可不必為之傷心。但是你要切記，一定要為你的產品、你的公司打廣告，最終你會找到一種獨具特色的廣告和有魅力的廣告媒介，它既能讓你增加銷售量，又不讓你花太多錢，完全適合你的公司的狀況。

賣的智慧

品質好，也要宣傳好。

2 這樣宣傳：低廉而有效

行銷是有過程的，你也許不清楚這一點，剛起步的小公司通常沒有財力在各種媒體上展開頻繁的廣告宣傳攻勢。即使你已經從商很長時間，也不一定有大量的資金用於廣告宣傳；或者，你已經嘗試了很多廣告的途徑和手段，卻還沒有找到一種真正行之有效的宣傳方法。

這裡有一種不需要廣告費的推銷方法，所需要的支出少，卻有效果，唯一需要的就是時間、精力和你的創造性。下面幾點就是一種低廉並有效的宣傳方法：

（1）優惠券

你不必在報刊刊登廣告或進行大型郵寄宣傳品時分發優惠券，你可以在街邊、在商品展示會上或者任何合適的地方做宣傳，你還可以把它們送給你的老顧客，或者把「下次購買」的優惠券放在顧客的訂單中。

沒必要把贈券設計和印刷得很精美，因為人們這時關心的主要是贈券上的價格而不是形式。為了增加銷售或讓顧客下次再買你的東西，你要慷慨的贈送優惠券。

（2）競賽

人們喜歡競賽，他們甚至喜歡看到別人贏！你只要看看電視上轉播的體育比賽就知道了。如果你選擇進行促銷競賽，要把它辦得滑稽可笑，同時也別忘了大聲告訴別人。如果你的競賽辦得非常令人開心，媒體可能會進行報導，要知道——這可是免費的廣告！

（3）小禮物

人們喜歡得到免費贈送的東西，即使他們必須花上高價買一件更貴的東西才能得到這份贈禮，他們也願意。這種辦法在化妝品行業運用得非常成功，其他行業也同樣可以效仿。買一台性能最佳的伺服器贈送一台筆記型電腦，這種事情不是沒有先例。

（4）老主顧

無論在零售業還是在服務業，抓住老主顧對於發展忠實客群的作用很大。最常見的方法就是給顧客一張卡片，每次購買商品或者接受服務時都填在卡片上，在以常規價格購買幾次或接受幾次服務後，就有一次免費或打折；另一種辦法則是在顧客出示他的「老主顧」打折卡後，給予他打折的優惠。

（5）特別服務

特別服務或向當前顧客預告新商品是一種刺激他們購買你的商品並且忠實於你的一種好辦法。為了提高顧客的購買欲望，你可以對商品進行打折，如果你的商品十分吸引顧客，打折的幅度可以非常的小。

（6）舉辦活動

在你的店鋪舉辦一些特殊的活動，如請名人露面或者進行慈善捐贈等，這是吸引顧客提高知名度的好辦法，而且還能創造一種令人興奮的氛圍，不僅能提高商家的聲譽，甚至還可能被新聞報導！

（7）贈品

你可能會問：如果我把產品送了人，那公司怎麼賺錢呢？其實這可比打廣告便宜多了，而且也容易做到，這種辦法被廣泛運用於任何公司。

在公司間接做買賣時，你可以在拜訪你的老顧客或潛在顧客時，送點小禮物給他們，以提高你的聲譽。禮物不能太貴，以免造成行賄的感覺；但是也不能太差，否則會被扔進垃圾桶裡。

對於為消費者服務的公司，你可以向顧客提供免費試用。如果你是以服務為主的公司，也可以提供免費使用，然後對產品做出評判。

零售業可以分送氣球或者其他新奇的小禮物，以激起他們對於這家公司的興趣，並能記住這家公司。

賣的智慧

不花錢的廣告是最好的廣告。

3 展覽會——讓大家都知道你

展覽會是能讓外界更加了解產品、也能擴大公司的知名度的一種必不可少的行銷活動。其中，貿易展覽會對於小公司的老闆發現新顧客、新趨勢，是最容易、成本最低廉的好辦法。這些商業聚會提供了大量商品，提供了面對面接觸的機會，可以最大程度的促銷而又把銷售成本降到最低。

貿易展覽會作為對某種產品陳列、展覽和銷售的場所，是生產商、中間商及零售商彼此見面並落實買賣的地方。在展覽會的任何一個場合，你所得到的訂貨額可能超過由十幾次昂貴的廣告而得來的訂貨額。在洽談會上，你可以一次性的向幾百個顧客展示你全部的商品。這也意味著潛在的顧客有機會直接跟你接觸。

儘管貿易展覽會能夠有效的擴大產品銷量，在宣傳方面也對小公司和大廠商一視同仁，但是如果處理不當，也有可能使當事人錢財耗盡、一敗塗地。安排展覽會絕非只是把商品陳列出來、寫寫訂單這麼簡單，周密細膩的計畫千萬不可少。發掘貿易展覽會的潛力有以下幾個方面：

（1）決定是否參加展覽會

你必須認真斟酌選擇在什麼地方展銷商品。租用貿易展覽會上的展位，雖然不會貴得令人望而卻步，但是也絕不會太便宜。除非恰好住在離展銷場地很近的地方，否則還得考慮一下交通費和時間成本的問題。

展覽會的舉辦機構會向你提供資料，介紹前幾年的展銷情況，方便你選擇是否參加展銷，以及判斷展銷產品的售出前景。如果有機會，你最好預先參觀一下展銷入場地，如果你參加的是一個沒有展銷歷史、默默無聞的展覽會，就必須十分謹慎小心，因為這樣的展覽會可能開辦不起來，或者即使開辦也無法對打算展銷其產品的廠商及訂貨主顧有很大的吸引力。

（2）尋找合作夥伴

和其他人共租一個展位，這對於小本經營的公司老闆來說，有很多優越性。共同租用展位可以省錢，可以使產品更有吸引力，也可以在必要時讓別人代為看管展品——最重要的是，當合作者所賣的貨品具有吸引力時，對你同樣大有裨益。如果你已經決定與別人合租展銷場地，那就必須設法找到這樣的合作者，使你們的產品能相得益彰或者取長補短。

有一位小公司的老闆為出售一款印花真絲女套裝，於是找了一位生產腰帶及涼鞋的廠商連袂展銷，結果兩個人的銷量都超過了分展開銷時的水準。

（3）爭取理想的展銷位置

一般情況下，展銷點的位置對展銷效果有舉足輕重的影響。入口和出口處相對較好，靠近就餐處、休息室及洗手間的展位也很好，而一些偏僻的、顧客不大去的地方就不宜租用了。因此在洽談時，一定要爭取到最好的地方。情況往往是：

你參加展覽會的次數越多，你租到理想位置的機會就越大。很多廠商年復一年的在同一位置上展銷，這使很多老顧客可以輕易的找到他們。很多經營者發現：相同產品如能在同一樓層相鄰，就會使銷路大暢。比如說，你賣皮革手提包，但由於顧客來去匆匆無法走遍整個展銷場地，如果你的展位不是設在皮革手提包專賣區，那麼顧客就可能無法光顧了。

（4）注意商品陳列技巧

商品陳列要使顧客感到心曠神怡而又容易審視挑選。不管你在什麼場合展銷你的產品，你都是在與其他商販進行競爭，你必須對自己的展銷商品該以什麼特色吸引訂貨做一番估計。如果行得通，你還應該盡可能的吸收競爭對手的特長並在此基礎上加以改進，你不妨考慮一下他們的商品陳列為什麼能引人注目？他們是不是在贈送樣品？他們有沒有派發吸引人的宣傳單？不要害怕競爭，因為只有這樣，你才能提高自己的能力，使展品成為熱銷商品。

（5）簡化訂貨手續

所有產品的標價都必須清楚，並事先決定相關的訂貨條款：最低訂貨額、付款方式、送貨日期等等，盡可能讓顧客感到訂貨手續快捷方便。當然從技術上講，一切必須以不引起任何誤解為最好。

（6）通知老主顧

你必須讓老主顧知道你參展的消息，派員或發函通知老主顧展銷將於何時何地進行，展銷攤位在哪個位置，可看到什麼樣的新商品等。雖說他們中很多人可能不會去看展銷，你還是要讓他們知道自己公司的新動向以及業務的發展情況，這是一種很可取的促銷方法。如果你是在一個出售季節性商品的市場上展銷，那麼上述的工作一般要提前七八個月進行才能有較好的成效。

（7）定價適當

大部分買主都希望按零售價的一半購買你的商品。如果你把產品的零售價格提高一倍後出售，則該產品是否還有競爭力？在買主還價後是不是仍有足夠的利潤？如果這兩個問題的答案都是否定的，那你就需要對你所定的價格作適當的調整了。

（8）兼做顧客、學徒和公關

在展覽會上，你的主要角色當然是商品推銷員，但是你不妨也當一下顧客，因為其他展銷商所賣的商品有可能就是你今後需要的，或者是你正在進貨的商品，這時你就可以作一番比較。下面的情況常常發生：展覽會結束時，某個展銷商從另一個展銷商那裡進一些貨，這樣通常是很划算的。展覽會除了買賣外，還提供機會讓你了解本行業有什麼新進展、其他公司正在做些什麼。在展覽會上，你可以得到很多有用的資訊，從低成本的包裝材料到如何減少稅收，你都應該隨時記下來，並從同行處聽取各種意見進而想出解決辦法。你要設法和其他經營者聊聊天，了解一下他們的問題，把他們的產品、價格、利潤等與自己的情況作一番對比，很多小公司的老闆發現貿易展覽會提供了同行之間建立關係網的可能性。請不要忘記，作為公司的老闆（無論公司規模的大小），其一部分樂趣正是來源於能夠在行業內交往並揮灑自如。

賣的智慧

展覽會是能擴大產品的知名度、而又能把銷售成本降到最低的一種行銷活動。

4 顧客的口碑就是活廣告

傳言的力量是很大的，讓顧客一傳十，十傳百，是非常有效而又花費便宜的廣告。讓顧客來為公司打廣告，是一個既有效又有很高可信度的行銷策略。

想要提高銷售額，就要善於利用顧客的口碑，以下幾點值得參考：

（1）分辨可能的顧客

如果你想招攬新顧客，關鍵在於確認可能成為你顧客的人。這些人可以從下述三個方面進行辨認：有購買意向者、有購買資金或有籌措資金能力者、具有購買意向與購買能力者。以這個原則對購買者進行分辨，切勿把許多寶貴時間耗費在既無購買意願、又無購買能力的人身上。

（2）利用親友關係開拓新顧客

人與人的交往和接觸是滾雪球式的，越滾越多，所以你必須利用你的親友關係拓寬與別人的往來，並把與你有關係的或見過面的人視為可能的顧客記錄備案。這些關係可能包括：同學、校友等關係；親戚、家屬等關係；鄰居、同鄉等關係；愛好、運動等方面的關係；同行業、同組織、同社團的關係等。

（3）家庭式介紹法

發掘顧客的一個有效的方法，就是請購買商品的顧客把商品介紹給其所認識的人，然後被介紹的人再把商品介紹給他所認識的人……這樣一來，你的顧客就可以無止境的擴張下去。為使你的顧客不斷的擴大，你必須抓住每一位光顧的顧客，給他們留下好印象，讓他們乘興而來、滿意而歸。

（4）運用知名人士的感召力

盡可能的運用知名人士及與他相關的人士，並請對方介紹熟人或朋友，逐步開拓可能的顧客。一般說來，人們都有一種從眾和崇拜名人的心理，知名人士的言行舉止往往會得到他人的效仿。透過知名人士接觸其他人，他人就會對你另眼相待，也會為你帶來更多的顧客。

（5）舉辦展示會

用舉辦商品展示會、樣品展覽等方式，把客戶聚集一堂，然後打聽其姓名地址，然後進行追蹤銷售。這些人都見過展示品，是一群對商品很感興趣而聚集在一起的人，可以說在開拓顧客方面有很高的成功機率。在一定時間內，經過追蹤銷售而沒有成功時，就可把他們列入潛在顧客卡片加以管理，定期寄出樣品目錄，隔一段時間再前往拜訪，從中了解交易未獲成功的原因，有助於你開拓顧客。

（6）內部開拓法

這種方法是設法與企業內部人員或各種團體、部門取得聯絡，把職員都視為可能的顧客，然後透過他們再逐步拓展顧客。這種方法可確保擁有組織型的、數量多的潛在顧客，但是若想要在組織上謀求擴展，需要投下相當的時間、經費及心力。不過你所做的一切都將是值得的，因為透過這種途徑，你可以獲得一大批永久性的顧客。

(7) 分類法

對於銷售人員來說，如何從不同層次的顧客中挑選真正的買主極為重要。你可以對潛在顧客按A、B、C三級分類，對不同級別採用不同方法。A級顧客是擁有購買能力且明顯具有購買意願者，B級顧客是的確會購買者，C級顧客為買或不買尚有疑問者。透過對顧客所做的分類，你可以採取不同的辦法迎合他們的心理，讓其購買你的產品。

(8) 投入式訪問法

遇到什麼顧客就訪問什麼顧客，這種方法就叫做投入式訪問法，運用這種方法要得當。為了使訪問次數增多並獲得成功，要盡快判斷出顧客是否有購買意願。為了達到這一目標，你可以將銷售對話或顧客拒絕購買的理由加以整理歸納，並把拒購理由列入銷售對話的技巧之中，以便恰當的對顧客的反應做出正確判斷；同時，對限定地區或事先已收集情報的地區進行投入式銷售，也是獲得高成效的方法。

(9) 其他發掘方法

對於顧客應給予足夠的重視，對於顧客的不滿、牢騷不應惱怒，而應確實幫助顧客解決困難。把不同情況的顧客都詳細且正確的記錄下來，然後制定銷售計畫，並採取積極果斷的行動。俗話說：處處留心皆學問，你只要用心，就一定能學到更多發掘顧客的方法，而且不論在何處，你都可能發現新顧客。採用盡可能多的方法，更多的拓展你的顧客。

賣的智慧

老百姓的口碑是可信度最高的活廣告。

5　巧藉機會，揚其名

在市場競爭更為激烈的今天，能否有效的開拓市場、爭取到更多的顧客，這是市場競爭勝負的關鍵所在。很多廠商不惜花血本大打廣告，然而收效卻很難預料。

國外有這樣一則新聞：在某釣魚協會主辦的釣魚大賽中，個人獎的金、銀、銅牌得主以及團體獎的金牌得主全不是來自大江大湖的垂釣高手，而是來自「山野樵民」。在這次全國釣魚比賽中，匯聚了來自各地的釣魚專家，他們無一不是層層選拔脫穎而出的「釣壇名家」，比賽場面壯觀激烈。隨著比賽的深入，裁判們忙著計時、過磅……一些分析家們也開始了賽前預測，不過結果使他們大為吃驚，人們百思不得其解：這些「山民」為什麼這樣熟悉魚的性情？記者們一湧而上，詢問他們是否受過專門訓練，是否有特異功能之類？山裡人的憨厚與質樸讓他們不會保密：用山泉酒浸泡過的魚餌釣魚最好釣！於是，人們都想領略一下誘惑力如此神奇的山泉酒的味道。

其實，商界的明眼人一眼就能看出，這次爆炸新聞的始作俑者正是山泉酒的廠商。他們沒有當贊助商、打廣告戰，而是巧妙的免費做了一種更有轟動效應的廣告，山泉酒的這種促銷手段正表現出了其高明之處。

由於此法得勝，他們又使用此計，讓另一款名叫「酒鬼酒」的產品揚名到海外。

十一月十五日，某考察隊出發到南極執行「一船兩站」的科學考察，山泉酒公司則向考察隊提供了價值百多萬元的山泉酒、酒鬼酒。十二月二十三日，考察隊抵達南極的研究站。隔年一月二十五日又抵達另一個研究站。極地考察船泊岸之後，隊員們即進入緊張的考察活動。茫茫南極，一派冰川，風雪飛捲，氣候惡劣。山泉酒、酒鬼酒成了隊員祛寒生暖的最佳飲品，隊員和船員們對攜帶的「至上妙品」倍感親近，他們有的捧著酒鬼酒在研究站前留影；有的面對冰雪開懷暢飲；有的倚靠船舷相互敬杯。一天，考察隊拜訪了俄羅斯站，隊長用酒鬼酒贈與俄羅斯專家。瓶塞開啟，酒香四溢，大有酒興的俄羅斯專家如獲至寶，連連稱讚：「好酒，好酒！」考察隊員與山泉酒、酒鬼酒的情感與日俱增。大家商量的結果，決定考察結束之後，派員到山泉酒公司拜訪。他們還拍攝了酒鬼酒香溢南極的影片，製作了兩套隊員簽名和蓋有考察船經歷地點郵戳的畫冊，並採集了一塊亮麗剔透的南極石，作為一百五十多名隊員的心意。

賣的智慧

藉機打廣告，免費做宣傳。

6　行銷企劃好，銷量一路飆升

產品要想銷路好，不要盲目行事，行銷企劃也要有驚人之筆，才能吸引消費者的目光。

徐小姐是一家知名企業的行銷長。這家企業和大學生物工程學院聯合開發的一項健康食品，在市場已很有影響力。現在準備打開東南亞市場，首先選擇的是泰國。

她知道泰國是個佛教信仰非常濃厚的國家，如何在這個產品和佛教信仰之間找到一種結合的方式，這是關鍵所在。

該健康食品為一種液體，長期飲用有保肝潤肺、清心健腦、抗氧化、抗癌變等功能。

她抓住該產品清心健腦的功效，與泰國代理商合作，在泰國首都曼谷及佛教聖地清邁去往寺院的路旁，掛起非常醒目的看板，由泰國一著名女歌星，手托著一瓶該健康食品，右手指向寺院的方向，上邊有一句廣告詞：「來此心清如鏡！」

接下來她就實地觀察看過看板人的反應、表情。經過一段時間證明，寺院和著名歌星都很受眾人的喜愛，而把他們巧妙的結合在一起，更加印證了徐小姐當初的創意。在經過投石問路之後，她放心大膽的繼續向前推進。

後來在泰國電視台也打出同樣的廣告，由這位歌星將這句廣告詞說出來，效果非常理想，產品從春節過後進入泰國市場，銷量一路飆升，當然這與產品本身的「貨真價實」也有很大關係。

廣告具有軟硬之分，花錢做的廣告固然可以風行一時，但是構思精巧的置入性行銷卻擁有傳遍市場每一個角落的優勢。一個善於運用軟硬招數打開廣告之門的人，也必將是一位成功的商人。

一九五八年，新型福特汽車剛剛上市之後，通路還沒有打開，幾乎收不到任何訂單，尤以費城地區銷路最差，遲遲打不開局面。

面對這種行情，艾柯卡憂心如焚，以前在費城當過幾年推銷員的他一邊推銷汽車，一邊進行市場調查研究。在這次調查中，他收穫頗大，原來不是這個地區的居民不想買，而是他們的收入除去生活費以外，就所剩無幾了，哪裡敢奢談買汽車。

艾柯卡經過研究，決定改變以往的銷售方式，針對這個消費層的顧客，他設計出了一種靈活多變的方法，即要他們在這些日常支出之後，再增加一項以日常支出方式購買一九五八年新型福特汽車的辦法，首先交相當於總售價百分之十五的定金，在接下來的四年，每月付款五十八美元，在四年之後這輛車便屬於顧客本人。

這種方式的優點在於使那些薪資不高的消費者勇於購買。除此之外，他還為此配了一個既醒目又動聽的廣告：「一個月只要付出五十八美元，就可擁有福特五十八型新車。」這句廣告名言一出便見奇效，打動了千百萬消費者的心。

短短三個月內，這種新型汽車在費城的銷售量一路飆升，很快就居全美國各地區之首，艾柯卡也因此一躍而成為福特公司華盛頓地區的經理。

艾柯卡這一舉動的高妙之處就在於，他抓住了人們看重近利的心理，用「化整為零」的方法，宣傳一個月只需五十八美元就可以買一輛新車，這無疑是一個對人們有很大誘惑力的宣傳，因而獲得了成功。

賣的智慧

誘惑力宣傳，更易捕獲消費者的購買欲望。

7　巧妙宣傳，吸引消費者

抓住時機，巧妙宣傳，出其不意的抓住消費者的心。

在英國倫敦，有一家小型的珠寶店，老闆豪氣十足，非常自信會有很好的經營業績；然而，四年以來，因經營不善瀕臨倒閉，同行們都譏諷他是「只會說大話的老闆」。店老闆真是走投無路，冥思苦想著改善困境的對策。

機會終於來了。一九八五年，查爾斯王子和戴安娜王妃要舉行婚禮，一時成為轟動英國乃至全世界的新聞。戴安娜王妃容貌絕倫、儀態超群，令絕大多數英國人羨慕不已，她甚至是眾多青年人崇敬的偶像。店老闆想，如果能抓住這個千載難逢的機會，利用大眾對王子王妃婚禮盛典的專注心理，導演一齣虛假而又逼真的廣告劇，必定能使自己的珠寶店擺脫困境。

於是，他四處搜尋長得像戴安娜王妃的年輕女子。歷經艱苦，終於被他找到了一個相貌酷似戴安娜的時裝模特兒。他重金聘用這個模特，對她從服飾、髮型到神態、氣質都做了一定的模仿訓練。待到幾乎沒有破綻之後，店老闆便向電視台記者發出了暗示：

明晚將有英國最著名的佳賓光臨自己的珠寶店，採訪這條新聞的條件是電視片中不得加入解說詞。第二天晚上，這家珠寶店燈火輝煌，店老闆衣冠一新，神采奕奕的站在店門口，像是要恭候要人光臨，此舉頓時吸引了許多過往行人駐足觀望。接著一輛豪華的轎車緩緩的駛到了門口，車一停下來，店老闆便立即走上前去彬彬有禮的打開了門，那位相貌酷似戴安娜王妃的模特從容的從車上走下來，嫣然一笑，還向聚攏來的行人點頭問好。有人喊了一聲：「看，戴安娜王妃。」眾人真的以為是戴安娜王妃來了，不加辨別便蜂擁而上，爭相一睹戴安娜王妃的風采，擠到前頭的青少年還為吻上了「戴安娜王妃的手」而得意非常。電視台的記者不敢怠慢，急忙打開錄影機頻頻搖動；員警怕影響「王妃」的活動，急忙過來維持秩序。

店老闆此時更是從容不迫，先是感謝「王妃」的光臨，隨後笑容可掬的引她參觀，店員們按老闆的吩咐，相繼介紹項鍊、耳環、鑽石等名貴飾品，「戴安娜王妃」則面露欣喜，邊挑邊稱讚。第二天，電視台播放了這出以假亂真的新聞錄影，因受老闆的關照，被蒙在鼓裡的記者把它拍成了「默片」，自始至終沒有一句話和一句解說詞，螢幕上出現的只是熱烈非常的場面和珠寶店的店客。這一下震撼了倫敦全城，人們紛紛傳播這個重要的新聞。

原來不知道這家珠寶店的人們紛紛打聽這家珠寶店的地址，都想在「戴安娜王妃」來過的珠寶店裡買一件首飾當做禮品送人。青年人、戴安娜迷更是愛屋及烏，絡繹不絕的跑來搶購「戴安娜」所喜愛的各種首飾。原來生意清淡、門可羅雀的小珠寶店，頓時門庭若市、生意興隆，叫老闆和店員們應接不暇。短短一個星期，這家珠寶店就獲利十萬英鎊，超過開業四年來的總和。

這則消息傳到白金漢宮，驚動了王室貴族，王室發言人立即鄭重的發表聲明：「經查排程，王妃沒有去過那家珠寶店。」要求法院判處那家珠寶店的老闆詐欺罪。發了大財的珠寶店老闆卻振振有辭的說：「電視片中沒有一句話，我也沒有說佳賓是戴安娜，這在法律上不能構成犯罪，至於圍觀的大眾『想當然』的把她當成王妃，我是無法阻止的。」

珠寶店老闆利用假王妃大肆製造社會新聞，使得倫敦全城沸沸揚揚，珠寶店也因此柳暗花明，絕處逢生。此舉假藉了權威效應，珠寶店老闆深知戴安娜王妃在英國大眾心目中的權威性，故請來一位模特兒扮演成王妃，光顧他的珠寶店，又巧妙的透過電視台加以宣傳，從而大大提高了珠寶店的知名度和信譽度，吸引來眾多的顧客，實現了預期的宣傳效果，擴大了銷售。

在現代社會，企業多如牛毛、產品浩如海，如何使自己的產品脫穎而出？唯有靠巧妙的創意、巧妙的行銷手段，才能吸引消費者。

綠色巨人罐頭食品公司是以玉米及豌豆製作罐頭打入市場的。在產品初期，曾以身披樹葉的綠色巨人形象做廣告，由於綠色代表健康，巨人代表強壯的體魄，所以此廣告使消費者對「綠色巨人」產生了深刻的印象。產品上市不到一年，由於品質可靠、宣傳力度大，消費者都很喜歡這款食品，一時間買者趨之若鶩，知名度超過了迪士尼的唐老鴨，銷售量也直線上升。由於市場需求量出乎意料的大，造成了產品的供不應求。

面對這種情況，為了防止競爭對手的產品乘虛而入，廣告代理商主動獻計，設計出

「紅臉巨人」的廣告圖案，上面寫道：「很抱歉，由於我們的產品供不應求，我們感到難為情。」

「綠色巨人」變成了「紅臉關公」，這則廣告表現得相當詼諧與出色，深獲消費者的好評，竟使「綠色巨人」公司安全度過了市場的真空階段，奠定了今日綠色巨人公司獨步市場的根基。「綠色巨人」如此巧妙的創造了「紅臉關公」，不但博得了消費者會心的一笑，同時更加鞏固了這一名牌的地位，真可謂是成功運用「空城計」的佼佼者。

賣的智慧

出其不意的廣告最深入人心。

8　出奇制勝，調動購買欲望

光打雷，不下雨，把人的好奇心一直吊著，然後不慌不忙的現身，把這種「懸念」運用到廣告上，會取得事半功倍的效果。

臺灣有一個生產摩托車的企業，善於利用市場資訊，跟進市場需求，不斷推出新產品。這一年又推出一款新式女用摩托車，在產品即將上市之前，這家公司便施用了「打草驚蛇」的計謀，透過獨特的廣告設計，大吊消費者的胃口。

他們不惜重金在一家收視率最高的電視台，做了這樣一個廣告：一位靚麗超俗的女性，頭戴安全帽，手拿一把摩托車鑰匙，做出要騎摩托去兜風的姿態。身後是藍天白雲，碧草綠樹，一條平坦的柏油馬路，向遠處繁華的街市伸去。漂亮女生站著眺望路的遠方，表情作渴望的神態。

一男子用深沉渾厚的男中音在背景配音說道：「等一等，再過五天，將有一種新款摩托車即將上市，它是妳最喜愛的！」

漂亮女生面對觀眾，粉面微透淺笑，明眸遠視，充滿了期待。

第二天，還是這樣一組畫面，配音卻換了一個字：「等一等，再過四天，將有一種新款摩托車即將上市，這是妳最喜愛的！」

第三天依然如此，只把「四」換成「三」；

第四天，將「三」換成「二」。

等到第五天，畫面澈底變了，不過更為簡潔：漂亮女生站在草坪旁邊，歡聲雀躍，對著觀眾甜甜的喊道：「我的希望明天就實現啦！」

等到這款新式摩托車上市後，效果果然像預想的那樣，很多女士都爭先恐後去專賣店購買。

這樣不見其物，先聞其聲的「造勢」，先吊消費者的胃口、引起注意，一旦上市立刻形成了購買熱潮。

兩年後，這家公司又推出這款摩托的換代產品，為使換代產品即刻行銷，他們又採取這種宣傳戰術。他們依然選擇了最有影響的電視台，這次的畫面設計是這樣的：還是那個漂亮女生跨在這款老式的摩托車上，三個漂亮活潑的女伴走到近處，畫面出現她的這輛摩托車里程表上的數字；三個女伴同時驚異「哇，跑了這麼多還不換啊！」漂亮女生非常嬌媚的樣子：「我捨不得！」

三個女伴齊聲告訴她：「換代產品馬上上市。」

然後還是男性深沉渾厚的配音：「更新潮，更親切！」

賣的智慧

出奇制勝的廣告，能吸引消費者的注意力。

第六章　先造聲勢，再賣產品

第七章　這樣銷售最有效——不可不知的推銷法

這裡薈萃了銷售行家的銷售心得，靈活借鑑他們的方法，是快速而有效提升業績的捷徑。

GOOD PRODUCT

1　建立自己的銷售體系

在市場經濟的條件下，推銷對企業、對社會、對個人都產生著重大影響，甚至有人稱推銷是推動社會經濟發展的重要動力。美國學者桑德指出，推銷已經成為企業成功的決定性因素，它主宰著利潤、投資、生產和就業。

作為一個公司，在進行各種行銷和促銷活動之前，你必須先做好自己的工作人員和推銷人員的準備工作。

在公司內部，必須把公司要走的道路、追求的目標和為實現這些目標所選擇的手段都告訴下級管理人員，也必須把這些情況告知生產部門，因為有些銷售人員不好解釋使用者十分需要的純技術問題，這需要生產部門予以解答。總而言之，你必須向所有的人，包括「不從事商業活動」的人員，說明公司的情況。

經營者必須要在公司內部培養商業經銷人員，尤其是培養與顧客直接接觸的銷售人員，使之通曉最新的情報，鼓勵他們的作戰積極性，因為商業計畫的成敗與否，前線戰場是最關鍵的部分。

在公司外部，必須把一些必要的情況通報給批發商、零售商、代理人、承包商等，對經銷那些技術複雜的商品的銷售人員，甚至還要進行專門的培訓。這一切都應盡量安排好，這是為你的產品開渠鋪路的工作。當你不具備直接面對消費者的條件時，公司命運的一部分就會掌握在轉賣商的手中。

經營者在選擇你的銷售體系時，要考慮的問題有很多，國際市場行銷協會所提倡的原則性作法一般包括以下幾點：

（1）產品類型

銷售管道的選擇因日用消費品、耐用消費品、食品、非食品等的不同而不同，不同的商品對銷售有著固有的要求。如高價值的貴重品或大型商品要選擇最穩妥的管道，有時甚至「一對一」的面對使用者，小型的大規模工業品則要經過批發途徑，保鮮食品要盡可能減少流通環節。

（2）顧客情況

購買你產品的顧客是大批普通消費者還是少數有特定需求的族群；是遍布於各個收入階層還是主要針對少數高收入階層；顧客的分布區域性是否明顯，是主要分布在某一地區，還是遍布各地；他們在年齡、性別、行業等方面有無明顯的特徵。

（3）經銷商的習慣做法

不同的經銷商具有自己的一套慣例，他們對不同商品採取的辦法也不同。在價格、回扣、利潤率、支付期限和結算辦法上會有不同的比較。

（4）公司自身的實力

公司是否有能力專營自己的產品，也就是說，公司能否直接向零售商推銷產品，而不經過批發商，這種數額可達到多大。要達到這一目的，管理者必須對你的基本設施進行投資（倉庫、儲存、運輸）。這筆費用相當大，對創業之初的公司也是一項最重要的開銷。但是這些設施功能如得以正確運用，所產生的長遠利益是不可低估的，這是你需要考慮逐步予以配套措施。

（5）某些經銷商的實力

這是一個兩難的選擇，經銷商實力過弱，必然會影響產品的銷售和利潤的實現，有些經銷商的實力過於強勁，他們的條件十分苛刻，經常迫使公司讓步。這種大經銷商反過來控制小公司的例子數不勝數。

（6）法律制度的限制

有些產品有專門規定的經銷路徑，有些經銷商又只能經銷某類商品。經營者在選擇銷售體系時應該是以產品銷售通暢為第一目標；同時，經銷費用的盡量節省也是同一問題的另一方面。應在不減少銷售能力的情況下，盡量減少經銷費用。只要運用的手段與追求的目標相適應，也就是說符合市場和產品的特點，經銷費用是可以減少到最低的。對於每個經銷人員來說，在不使產品的最後開價受損失的情況下，應該壓縮一切可能的費用，以下幾方面是應考慮的問題：

（1）作為經理人要清楚，工作力是經銷商費用中的最大支出項目之一，占總經銷費用的百分之五十至百分之六十五。提高促銷人員的素養和銷售成功率是很關鍵的，合理化的大規模機械操作可以減少許多人力費用。

（2）運輸費用是經銷費用中的另一大支出，約占百分之十左右。國外許多產品有優勢的廠商或大批發商都採用「現金出貨、運輸自理」的辦法，讓零售商自選商品，自行運輸。如果你的產品不具有絕對優勢，你應該培植自己的運輸力量，與相關運輸公司簽訂一個較長期的固定項目，這樣可以爭取到很多優惠。

（3）商品的「滯銷」所付出的代價也是昂貴的，想方設法讓你的所有商品都流動起來。你要經常與各推銷商和基層銷售點保持交流，研究盡可能快的供應——儲存——周轉辦法，找出適當的購貨費用和存貨費用之間的比例。在此過程中，掌握好大量訂貨和分期分批訂貨，集中訂貨零散配送和零散訂貨集中配送，現金支付和賒銷，代銷和代理、經銷等微妙的選擇，這些選擇之間的微妙差別值得經理人做長期的深入研究，以制定公司的一系列商業政策。

賣的智慧

經營者要有自己的銷售體系。

2 禮物銷售法

如果你認為在一個客戶心目中留下一個不好的印象，或者如果傷害了某個客戶都無關緊要的話，那你就大錯特錯了，因為可能這個客戶所有的朋友都不再相信你。即使你花了再多的精力去想要說服他們，即使你找了更多的理由來說明，都很難挽回這個局面。所以不要傷害任何一個客戶的感情，培養和發掘客戶背後的客戶才是最精明的做法。

除了要以真誠、謙卑的態度去對待客戶外，還要學著感謝、讚美客戶，並力爭讓自己的產品和服務超過其期望值。在一些特殊情況下，你可以送點小禮物給客戶，以換取他們對你的好感。

沈先生是一位冰箱推銷員，在第一次拜訪客戶的時候，他並不忙著推銷自己的冰箱，而是送給客戶一支小型溫度計，讓他們把它放入正在使用的冰箱裡。

等到下次拜訪時，他便請冰箱的主人看一下冷藏溫度是否符合標準；如果溫度達不到要求，很自然的就能引出是否需要購買新冰箱的話題。

需要記住的是，你送的這些小東西不需要過於昂貴，以免造成對方的心理負擔，使其敬而遠之。比如別致的打火機、精美的記事簿、可愛的菸灰缸等，都可以成為你收買人心的小禮物。

黃小姐是推銷飲水機的，每天中午休息時間便進入各公司拜訪，她每次都會帶著精心準備的小禮物：有時是口香糖，有時是一顆酸梅……一一分送給在場的每個人。吃完飯後，來片口香糖或是一顆酸梅，精神格外清爽。

這種小禮物是人際關係中最好的媒介，將你與準客戶之間的圍牆逐日清除殆盡。而這種方法之所以能贏得客戶的好感，是因為它抓住了人們心中或多或少的占便宜心理，它可以調節客戶的思想情緒，並為之創造出一個主動進行合作的氣氛。

讓我們看看喬．吉拉德是如何運用禮物來賣汽車的。

有一天，一位中年婦女從對面的福特汽車銷售商行，走進了喬．吉拉德的汽車展銷室。

她說自己很想買一輛白色的福特車，就像她表姐開的那輛，但是福特車行的經銷商讓她過一個小時之後再去，所以先過這裡來瞧一瞧。

「夫人，歡迎您來看我的車。」吉拉德微笑著說。

婦女興奮的告訴他：「今天是我五十五歲的生日，想買一輛白色的福特車送給自己作為生日的禮物。」

「夫人，祝您生日快樂！」喬．吉拉德熱情的祝賀道。隨後，他輕聲的向身邊的助手交待了幾句。

喬．吉拉德領著夫人從一輛輛新車面前慢慢走過，邊看邊介紹。在來到一輛雪佛蘭車前時，他說：「夫人，您對白色情有獨鍾，瞧這輛雙門式轎車，也是白色的。」

就在這時，助手走了進來，把一束玫瑰花交給了喬．吉拉德。他把這束漂亮的花送給夫人，再次對她的生日表示祝賀。

那位夫人感動得熱淚盈眶，非常激動的說：「先生，太感謝您了，已經很久沒有人送過禮物給我。剛才那位福特車的推銷商看到我開著一輛舊車，一定以為我買不起新車，所以在我提出要看一看車時，他就推辭說需要出去收一筆錢，我只好上您這裡來等他。現在想一想，也不一定非要買福特車不可。」

後來，這位婦女就在吉拉德那裡買了一輛白色的雪佛蘭轎車。

雖然這些小小的禮物，和那些一擲千金的飯局、一張價格不斐的門票相比，只能算是小巫見大巫。但是正是它們的「小」表現了你的細心和愛心，讓客戶接受你，同時也接受你的產品。

賣的智慧

小小禮物能收買顧客的心。

3 逆向思考銷售法

產品定位是市場行銷者制定企業整體銷售策略的基礎。企業產品及形象能否為消費者認同及喜好，很大程度上取決於產品定位。現在企業在進行產品定位時，往往沿用傳統的「產品觀念」定位，即從「正面角度」出發。市場經濟發展到今天，產品差異日益減少，正面訴求並不總是奏效，正面定位往往很難進入消費者的心中，很難占據有利地位，而反向思考卻是一種不錯的定位方法。

反向思考是與正向思考方法相反的一種創造性思考方法，是指人們在思考問題時，跳出常規、改變思路，從觀念的正常思考角度倒轉到某一角度進行定位。

齊格是一位烹調設備的推銷員，他推銷的現代烹調設備，每套價格三百九十五元。有座城市正在舉行大型的集會，齊格知道消息後馬上趕了過去，在集會場所示範著這套烹調器，並強調它能節省燃料費用，他還把烹好的食品散發給人們，請大家免費品嘗。

這時，有位看客一邊吃著食品，一邊說：「味道不錯，不過，你這設備再好，我也不會買的，四百元買一套鍋組，真是天大的笑話！」此話一出，周圍頓時響起一片哄笑聲。

齊格抬眼看看說話人，這人他認識，是當地一位有名的「守財奴」。他想了想，就從身上掏出一張一元紙鈔，把它撕碎扔掉，問守財奴：「你心疼不心疼？」

守財奴吃了一驚，但是馬上就鎮定自若的說：「我不心疼，你撕的是你的錢，如果你願意，你儘管撕吧！」齊格笑了笑，說：「我撕的不是我的錢，而是你的錢。」

守財奴一聽，驚訝不已：「這怎麼是我的錢？」

齊格說：「你結婚二十多年了，對吧？」

「是的，不多不少二十三年。」守財奴說。

齊格說：「不說二十三年，就算二十年吧！一年三百六十五天，按三百六十天計，使用這個現代烹調設備燒煮食物，一天可節省一元，三百六十天就能節省三百六十元。這就是說，在過去的二十年內，你沒使用烹調器就浪費了七百二十元，不就等於白白撕掉了七百二十元嗎？」

接著，齊格盯著守財奴的眼睛，一字一頓的說：「難道今後二十年，你還要繼續再撕掉七百二十元嗎？」

逆向思考推銷法不僅是一門學問，也是一門藝術。如果掌握了這門藝術，那麼在你的推銷中將得到異想不到結果。

現代市場推銷競爭是人們之間知識智慧的較量，反向思考不是簡單的逆向思考邏輯，而是由經驗、敏銳的洞察力以及準確的預測而得出的一種悟性。反向思考從傳統行銷的枷鎖中掙脫出來，不再以平面的、靜止的、單一的角度看企業與其利益相關者之間的關係，而是以立體的、互動的、多維的角度看待這一切。

賣的智慧

逆向思考推銷法值得一用。

4　物美價廉銷售法

賣產品只要價廉、只要物美，就不會賣不出去。積跬步致千里，匯細流入大海，由小而大逐漸累積，也會取得輝煌的銷售業績。

美國加利福尼亞州有一個經營家庭用品郵購的青年，最早他只是在發行量最大的婦女雜誌刊登了他的「一美元商品」廣告，所登的商品都是有名的大廠商生產的，非常實用，所以雜誌一刊登出來，訂購單就像雪片般多得使他喘不過氣來。他並沒什麼資金，這種生意也不需要資金，客戶匯款一來，就用收來的錢去買貨就行了。不過廣告中大約百分之二十的商品進貨價格就超出一美元，百分之六十的商品進貨價格剛好是一美元。顯而易見，顧客越多，他的虧損便越多。但是他並不是一個傻瓜，寄商品給顧客時，他會再附帶寄去二十種三美元以上一百美元以下的商品目錄和圖解說明，再附一張空白匯款單。

這樣雖然賣一美元商品有些虧損，但是以小金額的物美價廉的商品誘惑大量顧客的「安全感」和「信用」，顧客就會在沒有戒備的心態下向他買比較昂貴的東西了。如此，昂貴的商品不僅可以彌補回一美元商品的虧損，而且可以獲取很大的利潤。就這樣，他的生意就像滾雪球一樣越做越大。一年之後，他設立了一家AB郵購公司。又過了三年，他僱用五十多個員工，當年銷售額就達到五千萬美元。

日本橫濱的石目一郎也是一個賣物美價廉的成功者。

橫濱有一家生意很好的廉價市場，石目看到這裡顧客很多，整天往來不斷，他突然心生一計，把市場門口已經關門的腳踏車店租過來，經營水果店。一間只有三十多坪左右的小店，每天可有一百萬日元左右營業額。

普通的人總認為在廉價市場的旁邊開店經營無法做下去，以前的腳踏車也是因生意蕭條而關門的；然而石目先生卻認為大有可為。結果他的想法沒錯，事在人為，他成功了，石目現在已吃定廉價市場的成千上萬的顧客了。

要奪走廉價市場的顧客，商品售價就必須比廉價市場更便宜才行。一般水果店的利潤是百分之三十，廉價市場是百分之二十，他的利潤平均只有百分之十，雖然利潤不大，但是一天可賣一百萬日元，累積起來也相當可觀。

石目的店鋪面積並不大，所以他的店就像倉庫一樣堆滿了水果的箱子。一天進一次貨是無法應付像洪水般湧來的顧客的，於是石目便早上一次、下午一次，從中央市場僱卡車送來成箱的水果，一搬下來就在顧客面前開箱出售。

忙得不可開交的石目愉快的說：「我們的水果既便宜又新鮮，真正達到物美價廉的要求，所以很受顧客歡迎。」

賣的智慧

物美價廉永遠受到顧客的歡迎。

5 獨特賣點銷售法

現代顧客的消費意識已相當成熟。每天面對琳琅滿目的商品，他們可選擇的項目實在太多，如果你的產品或服務沒有一點特別的東西，他們就不會選擇你的服務或產品。

所謂獨特賣點就是：你要吸引客戶或潛在客戶來光顧你的生意，你必須向他們提供一種其他競爭者無法提供的特別好處或福利，或者是你所提供的產品在品質、耐用度、美觀、包裝等與別的產品有不一樣的地方，而這些不一樣的地方又是別人無法比較的。

達美樂披薩食品，在世界速食業當中只能算是後起之秀，他們知道在速食業之中要分一杯羹、占據一席之地並非易事，怎麼辦呢？他們提出了這樣的口號：「三十分鐘內送貨上門。」並保證披薩食品送到顧客手中時是溫熱的。達美樂披薩利用這樣的獨特賣點，使得披薩食品在速食市場中占有一席之地，並形成自己的獨有風格。

獨特賣點是你標新立異的有效方法，一個跨國企業需要獨特賣點，一個小商小販也需要獨特的賣點，一個成長中的小公司更需要獨特賣點。獨特賣點就是與眾不同，與眾不同才能有自己獨特的價值存在，是消費者購買動機所在。

一般說來，潛在顧客採取購買行動的基本前提是充分了解商品所帶來的基本利益。沒有對商品功能特點的了解，潛在顧客不會採取購買行動。推銷人員運用有效的語言藝術，可以把商品的相關資訊傳遞給潛在顧客，喚起其消費需求——要把你所賣的獨特性講出來，才能吸引消費者的需求。下面這個故事可以說明這一問題。

有一對老夫婦準備賣掉他們的住房，他們委託一位房地產經紀商承銷，這家房地產經紀商請老夫婦出錢在報紙上刊登了一個廣告。廣告的內容很簡短：「出售住宅一套，有六個房間，壁爐、車庫、浴室一應俱全，交通十分方便。」

廣告刊出一個月之後無人問津。老夫婦又登了一次廣告，這次他們親自擬寫廣告詞：「住在這所房子裡，我們感到非常幸福。只是由於兩個臥室不夠用，我們才決定搬家。如果您喜歡在春天呼吸溫潤新鮮的空氣，如果您喜歡夏天庭院裡綠樹成陰，如果您喜歡在秋天一邊欣賞音樂一邊透過寬敞的落地窗極目遠望，如果您喜歡在冬天的傍晚全家人守著溫暖的壁爐喝咖啡時的氣氛——那麼請您購買我們這所房子，我們也只想把房子賣給這樣的人。」廣告登出不到一個星期，這套房子便出售了。

所以，你必須盡可能的提供給所有客戶最有力的福利或好處，一定要使他們產生一種想法：不跟你做生意是一件非常遺憾的事情。這些福利或好處可以是：

（1）為顧客省錢。

（2）消除顧客的後顧之憂。

（3）為顧客帶來額外利潤。

（4）為顧客提供方便。

（5）為顧客帶來額外的觀賞價值。

那麼，如何做到這些呢？

你可以這樣做：先確認客戶最需要的好處或結果是什麼，如果你對顧客最需要什麼都一無所知，那麼你提供的產品或服務就是無的放矢，達不到預期的效果。知道顧客最需要什麼之後，再定位好你的服務或產品，讓它們具有競爭對手無可比擬的獨特優勢，這樣就可以有效的引導顧客。

賣的智慧

不一樣的東西才有人買。

6 耐心傾聽法

幾年前，喬．吉拉德從一個到他的車行來買車的人那裡學到一招。喬花了近半小時才讓對方下定決心買車，而他所做的一切都不過是為了讓對方走進自己的辦公室，簽下一紙合約。

當他們向喬的辦公室走去時，那人開始向喬提起他的兒子就要考進一所有名的大學。他十分自豪的說：「喬，我兒子要當醫生了。」

「那太棒了！」喬．吉拉德說。當他們繼續往前走時，喬向其他推銷員看了一眼。喬把門打開，一邊看那些正在看著自己「演戲」的推銷員，一邊聽顧客說話。

「喬，我兒子很聰明吧？」他繼續說，「在他還是嬰兒時我就發現他相當聰明。」

「成績非常不錯吧？」喬．吉拉德說，仍然望著門外的人。

「在他們班最棒。」那人又說。

「那他高中畢業後打算做什麼？」喬．吉拉德問道。

「我告訴過你的，喬，他在最好的大學學醫。」

「那太好了。」喬．吉拉德說。

突然的，那人看著他，意識到喬太忽視自己所講的話。

「嗯，喬——」他冷冷說了一句「我該走了。」就這樣他走了。

下班後，喬回到家想想今天一整天的工作，分析他所做成的交易和他失去的交易，喬開始思考白天見到的那個人。

第二天上午，喬打了通電話給那個人的辦公室：「我是喬．吉拉德，我希望您能來一趟，我想我有一輛好車可以賣給您。」

「哦，世界上最偉大的推銷員先生，我想讓你知道的是我已經從別人那買了車。」

「是嗎？」喬．吉拉德說。

「是的，我從那個欣賞、讚賞我的人那裡買的，當我提起我對我的兒子吉米有多驕傲時，他是那麼認真的聽。」

隨後他沉默了一會兒，又說：「喬，你並沒有聽我說話，對你來說我兒子吉米成不成為醫生並不重要。好，現在讓我告訴你，你這個笨蛋，當別人跟你講他的喜惡時，你得聽著，而且必須全神貫注的聽。」

頓時，喬明白了他當時所做的事情，這才意識到自己犯了多大的錯誤。

「先生，如果那就是您沒從我這裡買車的原因，」喬．吉拉德說，「那確實是不錯的理由，換作是我，我也不會想從那些不認真聽我說話的人那買東西。對不起，現在我希望您能知道我是怎麼想的。」

「你怎麼想？」他說道。

「我認為您很偉大，我覺得您送兒子上大學是十分明智的，我敢打賭您兒子一定會成為世上最出色的醫生。我很抱歉讓您覺得我無用，但是您能給我一個贖罪的機會嗎？」

「什麼機會，喬？」

「有一天，如果您能再來，我一定會向您證明我是一個忠實的聽眾，我會很樂意那麼做。當然，經過昨天的事，您不再來也是無可厚非的。」

三年後，他又來了，喬賣給他一輛車，而他不僅買了一輛車，還介紹了許多同事來買車。後來，喬．吉拉德還賣了一輛車給他的兒子——吉米醫生。

是他給了喬．吉拉德一個極好的教訓，從此以後，喬．吉拉德從未在顧客講話時分心。畢竟，上帝賜於我們能聽人講話的能力，我們必須充分利用。

從那以後，每個進入店內的顧客，喬．吉拉德都要問問他們，問他們是做什麼的、家裡人怎麼樣等等，然後喬．吉拉德再認真聆聽他們講的每一句話。大家都喜歡這樣，因為那帶給他們一種受重視、受尊重的的感覺。

賣的智慧

有時買東西也是在買被尊重的感覺。

7 挖掘需求法

把梳子賣給和尚，出家人剃髮為僧，要木梳何用？但有三個銷售人員卻就能把梳子賣給和尚，讓我們看看他們是如何賣的。

某公司創業之初，為了選拔真正有效能的人才，要求每位應聘者必須經過一道測試：以比賽的方式推銷一百把奇妙聰明梳，並且把它們賣給一個特別指定的族群；和尚。

幾乎所有的人都表示懷疑：把梳子賣給和尚？這怎麼可能呢？有沒有搞錯？許多人都打了退堂鼓，還是有甲、乙、丙三個人勇敢的接受了挑戰……一個星期的期限到了，三人回公司匯報各自銷售實踐成果，甲先生僅僅賣出一把，乙先生賣出十把，丙先生居然賣出了一百把。同樣的條件，為什麼結果會有這麼大的差異呢？公司請他們談談各自的銷售經過。

甲先生說，他跑了三座寺院，受到了無數次和尚的臭罵和追打，但是仍然不屈不撓，終於感動了一個小和尚，賣了一把梳子。

乙先生去了一座名山古寺，由於山高風大，把前來進香的善男信女的頭髮都吹亂了。乙先生找到住持，說：「蓬頭垢面對佛是不敬的，應在每座香案前放把木梳，供善男信女梳頭。」住持認為有理。那廟共有十座香案，於是買下十把梳子。

丙先生來到一座頗富盛名、香火鼎盛的深山寶剎，對方丈說：「凡來進香者，多有一顆虔誠之心，寶剎應有回贈，保佑平安吉祥，鼓勵多行善事。我有一批梳子，您的書法超群，可刻上『積善梳』三字，然後作為贈品。」方丈聽罷大喜，立刻買下一百把梳子。

公司認為，三個應考者代表著行銷工作中三種類型的人員，各有特點。甲先生是一位執著型推銷人員，有吃苦耐勞、鍥而不捨、真誠感人的優點；乙先生具有善於觀察事物和推理判斷的能力，能夠大膽設想、因勢利導的實現銷售；丙先生呢，他透過對目標客群的分析研究、大膽的創意及有效的規劃，開發了一種新的市場需求。由於丙先生過人的智慧，公司決定聘請他為行銷部主管。

更令人振奮的是，丙先生的「積善梳」一出，一傳十，十傳百，朝拜者更多，香火更旺。於是，方丈再次向丙先生訂貨。丙先生不但一次賣出一百把梳子，而且獲得長期訂貨。

就這樣，丙先生在一個看似沒有木梳市場的地方開創出很有潛力的市場。同樣，把鞋子賣給不穿鞋的非洲土著人也是透過挖掘內在需求而成交的。

有一家生產鞋的企業向一座與世隔絕的小島上派出三位推銷員。幾天後甲推銷員向企業報告：那裡沒有市場，因為那裡的居民都不穿鞋。又過了幾天，乙推銷員向企業報告：那裡市場很大，因為那裡的居民都沒穿鞋。一個月後，丙推銷員向企業匯報：那裡的居民都沒穿鞋，因此那裡市場很大，但是市場需透過教育來引導啟動；另外，那裡的居民很窮，根本沒錢買我們的鞋，不過那裡盛產世界上最甜的鳳梨，若我們能讓那裡的居民用鳳梨換我們的鞋，然後我們再將鳳梨運出換成鈔票，那裡對我們將是一個美妙的市場。

賣的智慧

挖掘需求，擴大銷售。

8 出奇制勝法

推銷是一件大事，因此有很多老闆開始左思右想，想以此來打開自己的行銷局面。實際上，成功的行銷既靠勤勞獲得，也可靠靈活操縱推銷絕招來獲得，關鍵是要打破固定思考模式。

在經商方面，運用非常規性思考，拋棄固定思考模式，亦即出奇制勝，往往能取得異乎尋常的良好效果。下面介紹的都是出奇制勝的推銷方法：

（1）重獎造勢法

公司在生產中和產品行銷過程中，對某些在一般情況下難以引起消費者注意的產品資訊，公司可以以重金（物）懸賞的形式，透過產品廣告，把公司的氣魄躍然紙上。這樣，消費者會表現出異乎尋常的關心和極大的興趣，且能透過街談巷議廣為流傳，從而產生購買效益。

（2）高價銷售法

一般情況下，商品應該物美價廉才有人買，但是這個世界上常有一些事情會出人意料。

美國亞利桑那州曾發生過一件有趣的事情。一家珠寶店採購到一批漂亮的綠寶石，由於數量太大，老闆擔心短時間內賣不出去，影響資金周轉，便決定只求微利，以低價出售。老闆本以為便宜的綠寶石很快就會被搶購一空，結果卻事與願違，銷售情況十分不妙。此時老闆急著到外地去談生意，臨行時下令，若銷售仍然無起色，就以兩倍的價格賣掉。過幾天老闆回來，發現綠寶石已被搶購一空，他們都沒有想到，價格提高後，購買者反而越來越多，本以為會積壓的綠寶石卻成了搶手貨。

這個例子顯示：薄利多銷未必一律正確，有時高價策略反而會促進銷售。因為有些消費者習慣把價格和商品的品質連起來思考，認為「一分錢一分貨」，價格越低的商品其品質一定不怎麼樣，而高價商品之所以價格高，一定有其內在的原因。

（2）低價讓利法

公司開發新產品投放市場價格高昂，一時不易被消費者接受。因此，公司應首先生產一部分優質產品投放市場，低價銷售，以此打開市場通路、贏得信譽、擴大影響，從而吸引消費者，再推出大批產品投放市場、占領市場、鞏固市場。

低價讓利尤其適用於新產品占有市場的階段，在實施低價讓利法時要準確做好市場分析和公司內部分析，一旦確定就要堅持下去，哪怕出現一時的虧損也要承受住壓力度過難關，否則前功盡棄，所有的努力都付諸東流，還會給商家造成不良影響。

（3）贊助公益法

公司贊助公益事業是一項得人心之舉，社會上要贊助的公益事業很多。公司要把贊助公益事業當做一項行銷活動，瞄準社會上與公司生產、產品行銷相關的公益事業，做到多送「雪中炭」、多下「及時雨」。在贊助公益事業中，亮出公司的服務宗旨。參與得當的公益事業贊助，可以激發眾多的業界人士、廠商以及社會各界對公司產生敬重之意，將感激之情轉化為購買行為，從而收到投入少、產出多的效應。

（4）攀親「聯姻」法

有些公司起初名不見經傳，產品一時難以打入市場，在經營上處於弱勢，公司可以採取攀親的辦法，借助於對方的市場強勢，兩個公司進行「聯姻」，進而把自己的產品打入市場。採取「聯姻」法的行銷手段重在選好聯姻對象，聯姻的目的是借助強勢促銷，在利益分割後，所獲利益要超過聯姻前才有意義，同時聯姻也要處理好相應的法律問題。

（5）名人效應法

名人歷來是社會輿論的中心，為社會上人們所注目。有心計的公司總是精心策劃自己的產品與名人「聯動」的行銷活動，如名人故鄉（居）、名人作品、名人參與各類社會活動等，使產品隨著名人「亮相」、「曝光」，隨之打入國內國際市場。同時，許多公司可廣泛和文藝界、書法界、體育界，或某些社會團體共同舉辦各類聯誼會、體育比賽，大大提高公司的知名度，提高公司產品參加市場競爭的能力，從而促進公司的發展。

（6）特定客戶法

特定客戶法是指商場只接待特定範圍或限次的顧客進店購物，而不是一般商場廣招顧客不分對象、越多越好的經商法。

特定客戶法是利用人們一種求奇心理和為人尊敬而產生的滿足感，雖然限制了顧客，但這兩種心理作用能誘使顧客到商店購物，從而起到促進銷售的效果。

（7）情侶商品法

我國商品市場上近年來興起了一股情侶商品新潮，因為適應了青年男女表達心心相印、志同道合的熱戀之情，情侶商品成為市場上受歡迎的商品。生產和經營情侶商品是當前一種適應市場需求、擴大商品銷售的良策妙計。

情侶商品法的應用可使一般商品增加一份溫馨的情調，以滿足青年情侶的特殊需求。透過銷售情侶商品來開拓市場，以特色商品來創造市場。情侶商品的出現和熱銷，可為商業老闆提供一種新的經營策略：為特定消費者提供特需商品，如專供夫婦的商品、專供老人的商品等，擴大產品銷售。

（8）反季銷售法

反季銷售，比如在高溫的夏令時節，挑冬季的商品展銷，在炎熱天氣，專櫃裡羽絨服、皮風衣、皮大衣、皮夾克、皮裙琳琅滿目，而且銷售情況良好。

（9）商品保險法

「保險法」是指有些在出售操作使用中涉及人身安全的商品，如電熱毯等，代為顧客辦好人身安全保險，切實為顧客的利益著想，透過保險為顧客提供各種安全保障，這樣不僅解除顧客購買商品時的一些顧慮，更重要的是商店表現出對顧客的高度負責精神。所以在商品銷售中顧客自然會選購有保險的商品，一份保險引發了購買欲望，增加了放心購買的信心。

「商品保險」法要有針對性的選擇商品，不可濫用，同時一定要有保險公司的支持和協助，有保險公司的承諾才能取信於民。

（10）改進包裝法

現代經濟是消費者經濟，在商品銷售中，商品包裝美不美直接影響消費者購買欲，對商品銷售影響十分明顯。據美國杜邦化學公司在市場調查中得出的結論：「有百分之六十三的消費者是根據商品的包裝來購買的。」這個觀點在國外被稱為「杜邦定律」。

（11）以貨易貨法

在現代商品銷售中，機動靈活的應用以貨易貨，能夠做活生意，擴大商品銷售。

賣的智慧

做活生意要從做活銷售開始。

9　好奇心銷售法

好奇心是一種非常有推動力的人類天性。在實際推銷工作中，推銷員可以首先喚起顧客的好奇心，引起顧客的注意和興趣，然後從中道出推銷商品的利益，迅速轉入面談階段。喚起好奇心的具體辦法可以靈活多樣，盡量做到得心應手、運用自如。

推銷員金克拉推銷的是廚房用具之一——鍋。

有一次，金克拉因違反交通規則被罰款三十美元，那時的三十美元還是一筆很可觀的款子。那天，他拿著罰款通知單去繳罰款，當他把錢交給那位處理罰款通知單的小姐手中時，他忽然有了一個念頭：如果能夠巧妙的抓住這個機會與她搭上關係，也許能彌補這筆損失，即使不行，也沒有什麼損失。

小姐微笑著答道：「請講吧。」

金克拉問道：「妳大概是自己生活的吧？我想妳大概也存了一點錢吧？」

小姐說：「嗯，是呀。」

金克拉神祕的說：「有一件非常好的、以後妳一定用得上的東西，如果妳看了喜歡它的話，妳會願意每天省下二十五美元把它買下嗎？」

「嗯，我想可以。」

「那件東西實際上放在我的車裡，那是非常漂亮的東西，確實是件好東西，不但妳現在需要，以後的生活中也會經常使用的。為了讓妳看看那件東西，能否占用妳五分鐘的時間？」。

「嗯，我願意看看。」

「那麼，就請稍微等一下。」

金克拉趕快跑到汽車裡，將那套鍋的樣品拿來。儘管時間很短，他還是熱心的進行了示範表演，隨後他問那位小姐是否需要訂貨。

那位小姐把目光轉向一位比她大十歲左右的已婚婦女，問道：「如果您處在我的位置，您將怎麼辦呢？」

沒等那位婦女回答，金克拉緊接著說：「對不起，我先說幾句，請問，如果您站在這位小姐的立場上考慮問題，您將會怎麼辦？實際上，您是已婚人，結婚以後您所負擔的費用會隨著家庭人口的增加而加重，我想這些您是完全知道的。請您想想，如果您在結婚之前，能遇到像現在這位小姐可以得到一套這樣漂亮的鍋的機會，您會怎麼辦呢？」

那位婦女毫不猶豫的道：「如果是我，就將它買下來。」金克拉就問那位小姐：「這也應該是妳想要做的事情吧？」

小姐微笑著回答說：「嗯。」

於是，金克拉就得到了那位小姐的訂貨合約。

金克拉寫完這份合約後，又問那位已婚的婦女：「雖然在十年前您沒有遇到這樣的機會，可是總不能讓您和您的家人以後一輩子也不使用這樣的鍋吧！」

「嗯，那倒是。」

「您大概也同樣想買這套鍋吧？」

「嗯，是的。」

就這樣，金克拉很輕鬆的又做成了第二筆生意。

如果金克拉最初就開門見山的問小姐：「妳想要一套鍋嗎？品質非常好的鍋，要嗎？」他還能做成這筆買賣嗎？他的成功在於先激起了對方的好奇心理，使對方迫切的想知道那個好東西究竟是什麼。當他得到許可拿出樣品後，又不失時機的加以示範，從而證實那東西確實不錯，使對方根本沒有機會產生「原來只是一套鍋呀」這樣的想法。

現在市場競爭越來越激烈，顧客也越來越挑剔，各個企業都絞盡腦汁的想在激烈的市場競爭中提高自己的銷售份額，透過刺激顧客的好奇心來促進銷售也是一個實在可行的方法。

一位人壽保險代理商一接近準顧客便問：「五公斤軟木，您打算出多少錢？」顧客回答說：「我不需要什麼軟木！」代理商又問：「如果您坐在一艘正在下沉的小船上，您願意花多少錢呢？」由此令人好奇的對話，人壽保險代理商闡明了這樣一個思想，即人們必須在實際需求出現之前就投保。

某大百貨公司老闆曾多次拒絕接見一位服飾推銷員，原因是該店多年來經營另一家公司的服飾品，老闆認為沒有理由改變這固有的使用關係。後來這位服飾推銷員在一次推銷訪問時，首先遞給老闆一張便條，上面寫著：「你能否給我十分鐘，就一個經營問題提一點建議？」這張便條引起了老闆的好奇心，推銷員被請進門來。他拿出一款新式領帶給老闆看，並要求老闆為這種產品報一個公道的價格，老闆仔細的檢查了每一件產品，然後做出了認真的答覆，推銷員也進行了一番講解。眼看十分鐘時間快到，推銷員拎起皮包要走；然而老闆突然要求再看看那些領帶，並且按照推銷員自己所報的價格訂購了一大批貨，這個價格略低於老闆本人所報價格。

可見，好奇接近法有助於推銷員順利通過顧客周圍的祕書、接待人員及其他相關職員的阻攔，敲開顧客的大門。

無論利用語言、動作或其他什麼方式引起顧客的好奇心理，都應該與推銷活動有關。如果顧客發現推銷員的接近把戲與推銷活動完全無關，很可能立即轉移注意力並失去興趣，無法進入面談。無論利用什麼辦法去引起顧客的好奇心理，必須真正做到出奇制勝。

賣的智慧

引起顧客的好奇心，引起購買的欲望。

10　小故事推銷法

引用小故事讓你的推銷生動活潑，所以在任何一個階段隨時都可以來上一段故事。

原一平在推銷人壽保險時，曾講了這樣一個故事，從而達成了簽約：

「能不能提前？如果不行，你把我繳過的會費還我就好，利息就算了。」

自從丈夫病重後，美子為了互助會的事不堪其擾，一些會員擔心她一手創辦的互助會垮了。

她是會首，每個月一萬元的互助費，是以鄰居親友為主組成的。丈夫病重，會員擔心是難免的，但是她已解釋再三，無論如何不會讓大家吃虧的。

「我們家在這裡已不是一年、兩年，難道我們的為人你們還不了解嗎？我們不曾欠過人家一分一毫嘛！」

雖然這樣說，鄰居親友的疑慮還是無法消除。

佳子是美子丈夫好朋友的太太，一大早就來了。

「由田太太，我們家最近買房子，貸款本息負擔很沉重，能不能商量一下，把會費還我們。」

美子感到世態炎涼，說不出話來。

「我是不得已才做這樣的要求的。」佳子不死心的糾纏著。

「佳子，我丈夫和妳丈夫是多年的知心朋友，妳這樣苦苦相逼，叫我很心痛。」場面尷尬起來，美子本來想把丈夫有張人壽保單的事說出來，但是心想，這樣說好像期盼丈夫早點去世，於心何忍。

她已盤算過，即使丈夫走了，以自己的收入加上保單賠償，互助會是不會有問題的。

但是像佳子這樣的會員有兩三個，尤其佳子講話更是露骨，絲毫不顧交情，很難應付。

「佳子，我丈夫還沒有走，妳也不用擔心，就算我做牛做馬，也不會欠你們錢的。」

「我不管啦！」佳子不願就此打住。

「我們家是窮了點，妳不必這樣。按規矩，妳互助會參加了一半，是沒道理退出來的。」美子強硬了起來，口氣不再軟弱，佳子眼看情況不對，只好回去。

一面看著丈夫因癌細胞擴散而身體一天天虛弱，一面又要應付各種經濟上的問題，美子有點承受不住。但是這家除了她，誰來撐呢？子女還小，美子必須堅強起來。

「看開點，別煩惱，我們已沒什麼好損失的了，擔心什麼？」看到美子焦慮蒼白，婆婆安慰她。

「我知道。」

到了這步田地，美子也體會到，光煩惱是沒用的。

丈夫終於走了。

丈夫的保單索賠雖然只有一百萬，辦喪事及醫藥費花去大部分，但是至少不用去借。剩下的三十幾萬存著，心中踏實多了。

否則，萬一家中又有人生病，那可就要借錢。

「借錢，越有錢的人借錢越容易，越窮的人借錢越困難。」美子說道。

這個感人的故事來自於原一平之口，故事也足以說明，在世態炎涼、人情似紙、生活艱難的處境下買保險的好處，聽後可令客戶抹一把同情之淚，然後再考慮投保。

在保險推銷的過程中，講保險故事是很重要的一環，有些客戶沒有保險意識，聽了保險故事才會被點醒。

原一平講起保險故事相當傳神，客戶往往聽得激動起來，講到令人鼻酸的重點時，原一平還會掉下眼淚。

有人問他：「你是怎麼訓練自己講保險故事的？」

原一平說：「有些人以為我本身就具有近乎演員的天賦，其實不是，我自己每次要講一個保險故事，就像演員一般從背誦劇本到融入當事人角色，認真的練習一二十次，直到抓住故事的精髓為止。」

任何事，用心或不用心，差別就在這裡。原一平的能耐不是憑空得來的。

「保險故事在保險推銷裡具有強烈的催化作用，講得越好，催化力越強。」原一平道出自己的心得。

引用小故事不見得非得在客戶提出拒絕後，其主要目的是為了提高客戶購買意願，所以在任何一個階段隨時都可以來上一段故事，當然，客戶拒絕時一定也有相應的故事可做緩衝，因此平時應多準備一些小故事。

既然感性的運用故事能夠為那些真正傑出的業務人員發揮這麼大的效果，為什麼沒有幾個業務人員想效法他們呢？

這主要是由於大部分業務人員不認為自己具有創造性的說故事的能力和想像力，或是表達這種情感激勵的能力。

賣的智慧

講故事，讓推銷更生動更有說服力。

11　微笑推銷法

微笑，是世界上最美最奇妙的精靈，是人與人交往最有效的名片，是一種沒有任何副作用的鎮定劑。推銷時微笑，顯示你對與客戶交談抱有積極的期望。

原一平曾經為自己的矮小而懊惱不已，他不止一次的仰天長嘆：「老天爺對我真不公平！」但是，矮個子是事實，想隱瞞也隱瞞不了，想改也改不掉。

就在原一平加入明治保險公司不久，與原一平個子相差無幾的高木金次先生召見了原一平。

高木先生曾出國留學，在美國專攻過推銷，他由於一心一意想著練習笑容的事，走在馬路上，往往會不自覺的露出笑臉，有時甚至會笑出聲來。他練習笑容就跟著了魔似的，他的鄰居們見他常常一人獨自笑出聲來，還懷疑他精神不正常呢。

日復一日，月復一月，原一平有空就對著鏡子練習，也不知持續了多久。一天，他忽然發現鏡中的他與以前大不相同了，他的臉大放異彩，細加觀看，眼神也有變化，這個發現使他信心倍增；一有信心，與鏡中的自己對話的訓練也就更起勁了，他清清楚楚的看出自己的面孔逐日有了變化。

原一平自豪的說：「如今，我認為自己的笑容與嬰兒的笑容已經相差無幾。」嬰兒的笑容，說多美就有多美，他們的笑容純真得令人心曠神怡，令人迷惑。當大人露出接近嬰兒的那種純真無邪的笑容，那才是發自內心的笑，這種笑容會使初次見面的人如沐春風，它也會使接觸他的人自然的展露笑容。

原一平總結出了笑容的十大益處：

（1）笑容，是傳達愛意給對方的捷徑。
（2）笑，具有傳染性。所以，你的笑會引發對方的笑或是快感，你的笑容越純真、美麗，對方的快感也越大。
（3）笑，可以輕易除去兩人之間厚厚的牆壁，使雙方的心扉大開。
（4）笑容是建立信賴的第一步，它會成為心靈之友。
（5）沒有笑的地方，必無工作成果可言。
（6）笑容可除去悲傷、不安，也能打破僵局。
（7）擁有多種笑容，就能洞悉對方的心理狀態。
（8）類似嬰兒的笑容最能誘人。
（9）笑容會消除自己的自卑感，且能補己不足。
（10）笑容會增加健康，增進活力。

賣的智慧

微笑，加大了購買的砝碼。

12 情感銷售法

用「情」銷售，世界上最感人的東西就是——情。情最動人心，行銷人員只要懂得用毛毛雨般的關懷來滋潤客戶的心，你就不擔心產品沒人買。

丁先生被聘為一家房地產公司的銷售人員，他是一個善於挑戰自我的人，他承擔的第一個任務是向一個千萬富翁推銷一套別墅。

丁先生給自己訂下目標：兩個月之內，將富翁搞定。丁先生心裡非常清楚，作為一個男性，推銷房地產，他的優勢並不明顯；但是他很有自信，相信只要努力，只要想辦法，任何工作都是可以完成的。

丁先生設想了一套情感制勝術——他想先與富翁交朋友。與富人交朋友，不是一件簡單的事情。要進入有錢人的世界，真的非常困難，但是丁先生不這麼想，他認為任何人首先都是人，人就有人的本性。

他開始透過各種管道收集這個富翁的資料，並創造一切機會，走近這個富翁。他聽說這個富翁是個很精明的人，受過很好的教育，在他所從事的領域非常有影響力。丁先生買來那個領域的一些書籍，要迅速在知識上與那個富翁拉近。有一天，他聽說這個富翁要在業內舉辦的一個報告會上發表演講，丁先生就提前買好錄音帶，並想方設法取得了參加會議的機會；進到會場以後，他又有意識的坐在前排，將錄音設備放在桌前，而且自己還深思熟慮的想好了幾個問題，以備在適當的時候，向富翁提出來。

富翁在演講時，丁先生洗耳恭聽，不時的奉獻著自己的掌聲，讓富翁體察到他是一個最熱心的聽眾。待到聽眾提問題的時候，丁先生第一個站起來，很有禮貌也很專業的問了幾個問題，富翁感到他問的問題很有格調，而且已經注意到他是個非常認真的聽眾，尤其又看著他精心的在進行錄音，富翁對他更有了幾分好感。在回答他的問題時，竟然還問他是做什麼的，學的什麼專業，對他提出的幾個問題也是有問必答。

會後丁先生要求與富翁合影留念，富翁愉快的接受了，並主動將自己的名片遞給丁先生，表示願意與丁先生繼續就人生、事業、學識等一些問題進行探討。至此，丁先生的第一步已經實現，他已具備了與這個富翁繼續交往的基礎。他想，我與他交朋友不是目的，目的是讓他買我的別墅。

丁先生採取的辦法是：

（1）富翁生日那天，（丁先生因為早有所備，已經知道了富翁生日）一早，丁先生就打去電話，要求前去祝賀，富翁非常高興，同意丁先生去參加他的生日宴會，丁先生適時送了他們的別墅模型。

（2）丁先生與富翁攀談，總是能找到更多的「共鳴區」。雖然他們既不是老鄉，也不是同學、校友，但是他們都有共同的興趣愛好，他們血型相同，他們都喜歡美國前總統柯林頓，他找到了他們許多的共同點。

（3）丁先生喜歡將自己小時候的事情講給富翁聽，並引導富翁也講出他自己小時候的故事。丁先生認為越是功成名就的人，越喜歡向別人講述他過去的事情，因此很巧妙的引發富翁講自己豐功偉業的熱情和興趣。這樣，他們之間的距離就越來越近。

丁先生終於成了可以與富翁同桌的朋友。

在他們的交往中，丁先生絕口不提別墅的事，而是聊高爾夫球、聊天氣、聊美食、聊藝術、聊時事，唯獨不聊銷售。富翁也能感到丁先生是一位做事細膩認真、很有吸引力的人。

交朋友就是要交這樣的人，富翁已在心裡不止一次的這樣想。

從此他們常來常往，無話不談。

這時，丁先生感到時機已經成熟，他開始說銷售，說那套別墅的品質、建築風格、視覺大局、安全度以及已有住戶的良好反應等等。

丁先生所有的觀點，富翁都非常贊同。那天富翁主動對丁先生說：「你帶我去看看別墅吧！」

當天，富翁就決定要將這棟別墅買下了。

這是丁先生一次成功的推銷，這麼一套幾百萬元的別墅，也許有人永遠也賣不出。丁先生的聰明就聰明在他先從感情入手，展開人性化的攻勢；用非常細膩妥貼的感情攻勢，與銷售對象建立起獨特的人際關係。在此基礎上，再拋出主題，於是銷售便順理成章了。

賣的智慧

用「情」銷售，情到銷售成。

13 互利互惠法

在銷售過程中適當的讓利給客戶，是順利成交的永恆法則之一，銷售談判中，雙方的焦點通常集中在價格與價值，顧客要求以最低的價格得到最高價值的產品，所以銷售人員的壓力非常大。碰到這種情形時，就要學會運用雙贏策略。

例如：「我們想個法子，讓你不需要再購買備用機器，你覺得這個辦法如何？」「我無法提供折扣，但是你可以月底再付帳，這不成問題。」讓利是多方面的，譬如：「如果你購買，我們將給你八折。」例如顧客說：「維修費用太高了。」銷售人員說：「如果我們提供一年免費維修，您可以接受嗎？」這個問題隱含互惠的承諾，如果顧客接受一年免費維修，等於答應成交，非常高明的方法吧？其實不一定，如果我們的承諾無法實現，問題就大了，因為這是對方的交換條件！

為什麼所有的人都說互惠原理具有壓倒性的力量？就是無論是什麼人，他只要生活在社會群體，你對他使用互惠的方式都會起作用，只不過看你使用的巧妙不巧妙，能不能讓客戶產生愉悅的心理。

所以說，掌握互利互惠原理會為你的銷售帶來很多好處：

（1）互利互惠是雙方達成交易的基礎。在商品交易中，買賣雙方的目的是非常明確的，雙方共同的利益和好處是交易的支撐點，只有在雙方都感受到這種利益時，才有可能自覺的去實現交易。

（2）互利互惠能增強推銷人員的工作信心。因為社會的成見，推銷人員或多或少都有一種共同的心理障礙，就是對自己的工作信心不足，總是擔心顧客可能不滿意他的態度，怕留給顧客唯利是圖、欺騙的印象。產生這種心態的重要原因，在於他們或者沒有遵循互利互惠的原則，或者沒有意識到交易的互利互惠性。推銷人員應該意識到，由於自己的工作，當顧客付出金錢時，獲得了一份美好的生活。從這種意義來說，推銷人員是顧客生活的導師。如此有意義的工作，獲得利潤和報酬是理所當然的。

（3）互利互惠能形成良好的交易氣氛。由於買賣雙方各自的立場和利益不同，雙方的對立情緒總是存在的。其實，顧客對推銷人員的敵對情緒，是因為不能確知自己將會獲得的利益。推銷人員要以穩定、樂觀的情緒和耐心、細膩的態度，把交易能為顧客帶來的利益告知對方。

（4）互利互惠有利於業務的發展。互利互惠的交易，不但能使新顧客發展成為老顧客，長久的保持業務關係，而且顧客還會不斷的以自己的影響力帶來新的顧客，使你的業務日益發展，事業蒸蒸日上。

互利互惠是商品交易的一項基本原則，在具體執行中沒有明確的利益分割點，雙方利益的分配也並非是簡單的一分為二。優秀的推銷人員，總能夠使顧客的需求得到最大程度的滿足，又能使自己獲得最大的利益，因此，推銷人員和顧客的利益並不是互相矛盾、互相對立的。

然而，縱使互惠互利成交法可以大批招攬顧客、短時間內打開市場通路，仍應注意這種方法是建立在顧客求利心理基礎之上的，長期使用必定助長顧客對優惠條件提出更進一步的要求，從而使該法的激勵作用喪失。

因此，互惠互利成交法應注意兩個原則：

第一，讓利並不代表不獲利，只是薄利多銷。

第二，讓利是建立在假想成交基礎上的。

每一種恩惠都有一枚倒鉤，它將鉤住吞食那份恩惠的嘴巴，施恩者想把他拖到哪裡就拖到哪裡。

賣的智慧

互利互惠是銷售的永恆法則。

14 飯局銷售法

吃飯人人都會，但是請客戶吃飯就不是一件簡單的事。有人說百分之八十的單子都是在飯桌上簽的，並非沒有道理，特別是接觸客戶高層的時候，一些在正式場合不好說的事情，基本上都可以從飯桌上，或在比較輕鬆的私人環境中來談。請高層吃飯是相對常見的銷售手段，但是吃好這頓飯卻不是那麼容易的，這裡也有很多技巧和學問。

首先，飯局不論是早餐、午餐還是晚餐，只要是用餐時間，都不應討論生意上令人不愉快的話題。靠一頓宴請來說服猶豫不決的立法人員投自己一票，歷來就是美國白宮政客慣用的手法。這一頓飯可以是室外的午餐，可以是非常考究的早餐，也可以是精緻的晚宴，不管是哪一種，每當有重要的提案要投票時，毫無例外的，銀質餐具便搬了出來，即使是政治捐款，也總是和吃東西聯繫在一起的。

其次，作為社交方式的飯局，可以向對方傳達不見外的資訊，代表親近，即認同對方是自己人。要辦的事先不說，先吃飯，這樣就沒有勢利感，辦不成事可以喝酒，也不傷面子。

王先生是一家公司的經理，在他做每週工作計畫的時候，總是先確定他要和哪些人碰面，然後每個禮拜安排四頓早餐、四頓午餐和兩頓晚餐來跟他個人或業務目標相關的人士聚餐，他們可能是客戶，也可能是朋友，或是某些有影響力的人，也有可能是潛在客戶或其他人。換言之，無論這個星期有多繁忙，王先生仍然有十次訪談機會，在很愉悅的時間裡加深顧客對他的印象。

這是極簡單卻非常有效的方式，畢竟自己吃飯也需要時間。在飯局上，人的情緒大都會非常好，更容易結成深厚的友誼。拜訪十位客戶需要花費許多時間，可是運用飯局拜訪客戶，在還沒展開正式工作之前，就已經見了十位客戶了。

大部分像這樣的吃飯機會，不但可以進一步加強與客戶現有的關係，甚至能得到某些很有價值的回報。如果你每年有兩百次機會和一些可以為你生活帶來正面效應的人一起吃飯，可以想像你在個人和事業兩方面，一定都會有所成長。

飯局聊些什麼？在正餐上來之前，人們喜歡聊些高爾夫球、天氣之類的話題。吃主菜的時候，人們談的則是美食、藝術、時事及一些無傷大雅的話題。不過在聚會或活動上，不可太過急功近利，你的談話一定要有彈性，不要做硬性推銷。重要的不是你做了什麼，而是人們對你的這種方式是否接受，最好的方式是不要談工作。

一定要注意一點：成功的生意飯局都不會討論生意上讓人掃興和尷尬的話題。還有一點要記住，那就是，你在席間要適當的談你自己的情況，談可以為對方帶來什麼好處、可以提供什麼樣的優質服務。

無論是飯局還是其他形式的聚會和活動，你都應該積極參加或者安排，並在這個過程中去認識更多的人，為自己搭建更多人際交往的橋梁。

賣的智慧

吃一頓飯也是做了一次人情投資，有了人情就不擔心沒人買你的東西。

第七章　這樣銷售最有效—不可不知的推銷法

第八章　沒有客戶，沒有行銷

沒有客戶就沒有行銷，沒有行銷就沒有利潤。客戶就是你的企業、你的公司、你的商業的衣食父母，有了客戶才能存在，才能發展。

08 GOOD PRODUCT

1　沒有客戶就沒有銷售

沒有客戶就沒有行銷，沒有行銷就沒有商業。客戶就是你的企業、你的公司、你的衣食父母，有了客戶才能生存，才能發展。

先讓我們讀下列兩則故事：

案例一：

早年，艾農．米爾臣學習生物化學，還專職踢過足球。後來他接手家族剛剛起步的化肥廠，很快將其改成化工廠，並使其價值高達一百二十五億美元。之後，艾農開始為好萊塢導演們提供拍攝資金，其相中的《史密斯任務》票房收入達到近五億美元。此外，艾農還是以色列最大的汽車進口商。

艾農．米爾臣很幸運，他的家族創辦了化肥廠，取得了一定的經濟效益，這為艾農．米爾臣後來充分發揮自己的商業才華提供了一個良好的平台。這家化肥廠創立之初，差點成為他事業上最大的絆腳石，艾農．米爾臣決定親自處理化肥廠的一切事宜。然而，化肥廠積壓的化肥更是堆積如山，原因就是沒有幾個客戶願意代理他們廠生產的化肥，致使艾農．米爾臣不得不撐著門面，用家族的資金維持化肥廠的正常生產。

案例二：

薩米．奧弗出生於羅馬尼亞，後舉家遷往以色列。目前，奧弗家族控制著一個巨大的商業帝國——以色列集團，旗下有以色列化工、Zim、Tower 半導體等多家子公司，在全球化工、石油及海運行業都有重要影響。奧弗家族還擁有世界第二大郵輪營運商——皇家加勒比海百分之六十五的股權，隨著該公司股價近兩年翻倍成長，僅此一項就為奧弗家族增收超過十億美元。

薩米．奧弗早年從事化工業生產製造，開了一家化工廠。為了讓自己的化工產品迅速占領地方市場，奧弗決定採取「化整為零」的銷售方式，也就是說把自己的產品交給各地的中盤商，讓他們分攤市場，自己可以坐收差價。由於薩米．奧弗與中間商的價格分歧，他始終沒有找到一個令自己滿意的大中盤商，這使得他的貨物積壓在倉庫裡，差點因此而倒閉。

從上面兩個案例中，不難看出，沒有客戶就沒有銷售，沒有銷售就沒有利潤，沒有利潤就意味著商業要停業、企業要關門、公司要破產。因此不能不說維護客戶是成功行銷的保證，那麼，如何建立穩固的客戶關係呢？

（1）在面對面的接觸中做些紀錄

和客戶、顧客建立長期聯盟的最佳途徑，就是要像對待老闆一樣對待他們。在面對面的和客戶、顧客或你希望成為顧客的人談話時，你都應該做紀錄，而不必要求對方允許。這條頗有價值的建議是美國銷售培訓專家史蒂芬．希弗曼提出來的，他不知疲倦的鼓吹，做筆記是一種有效銷售和服務顧客的好方法。

在你做筆記的時候，能夠發出所有有用的資訊。你能夠讓客戶知道你在聽，他要說的話對下面的事情將起重要的作用，以及你對這次談話非常重視，要留下一份永久紀錄。千萬不要跳過這一步，不管你是否覺得日後還會參考，這次會談的具體內容都應該在與客戶和顧客的面談中詳細的記錄。

（2）讓你的客戶和顧客及時了解新情況

及時回電話，遵守約定的時間。我們在和其他機構的代表打交道時，最擔心就是聯絡之後沒有動靜。如果我們承諾為客戶或顧客在本機構中辦某件事情，那麼我們也就有義務通報事情的進展：回個電話，或按照約定回信。以一種有禮貌的、樂觀向上的態度做這些簡單的事情，比我們所傳達的資訊要重要得多。

（3）要跟上客戶或顧客行業中的變化

要關注當前的趨勢與挑戰，時常瀏覽一下顧客的行業雜誌，它肯定會對你所在的行業有直接的影響。比如說，你從事的是圖書印刷業，那你就應該知道出版業現在的趨勢是什麼。探聽一下有什麼預測資訊，這些預測將會對你的客戶的訂貨和支付方式產生哪些影響。

（4）拜訪客戶的辦公室

如果你能經常去拜訪客戶，會大大有利於長期保持你們的業務關係；如果你能經常把顧客請出來和你一起吃飯，那你的有利機會更會大大的增加。

不要誤會的是，個人交往絕不能替代業務表現，你還得把那些真本事也拿出來。但是如果你能和顧客建立一種你來我往的情感，電話裡聽到聲音就能想起對方的臉，清楚的知道你的客戶到底是個什麼樣的人，他每天的工作都做些什麼，那些客戶對你的忠誠度就會大大提高。

（5）必須經常表現、宣傳你的價值

隔一段時間提供一份最新的紀錄，詳細介紹你的新貢獻，在面談的時候，你可以送給每位新老客戶一本筆記本，上面最好印有公司的服務，然後為每個人提供一份列印出來的最新資料，顯示你在提高公司的價值。與其認為一樁買賣既已結束，就不需要再進一步的投入，不如採取這種更積極的做法，把你的貢獻明確的展現出來，這樣做能大大提高你的生存機會。為了能夠和你的客戶建立長期有效的夥伴關係，你必須經常表現、宣傳你的價值。

（6）表現個人關懷

和你的客戶發展共同的非工作話題也是非常重要的。你可以問問他們的興趣愛好、假日活動，試著找一個你和客戶都懷著熱情的共同話題。此後你可以問些問題，鼓勵你的談話夥伴娓娓道來，千萬不要一個人把話說完！

（7）要求見客戶的總裁

有禮貌但是堅決的要求和這個機構的最高人物見一面，哪怕只是三分鐘，這有利於和這個客戶建立更好的關係。這在今天是一種行之有效的方法。

（8）微笑

人們都喜歡和那些快樂的人打交道，因而很容易推斷，如果你的生意夥伴看上去心情不錯，那你做這筆買賣肯定錯不了。在緊張的業務往來中，別忘了把氣氛緩和一下，要讓人看到你喜歡這件你賴以為生的工作，這是你所能做的最好的個人廣告。

賣的智慧

維護客戶是成功行銷的保證。

2 利用關係網做銷售

要想成功的銷售，就要有很寬廣的客戶關係網，大網才能撈大魚，這樣才能保證每次撒網都有收穫。

銷售之神喬·吉拉德說：「不管你所遇見的是怎樣的人，你都必須將他們視為真的想向你購買商品的客戶，這樣一種積極的心態，是你銷售成功的一大前提。我初見一個客人時，我就不會認定他是來隨便看看，我都認定他是我的客戶，會購買我銷售的汽車。通常情況下，他們大部分都成了我名副其實的客戶。」他有一個著名的兩百五十定律，他透過細心的觀察，發現每一個人的生活圈子裡都有一些比較親近、關係比較密切的熟人與朋友，而這些熟人與朋友的數字大約是兩百五十人。

一般而言，人與人之間的聯絡是以一種幾何級數來擴散的，無論是善於交際的公關高手，還是內向木訥之人，其周圍都會有一群人，這群人大約兩百五十個。而對於銷售人員來說，這兩百五十人正是你的客戶網的基礎，是你的財富。讓我們看一下喬．吉拉德是如何利用人際關係做銷售的。

在生意成交之後，喬．吉拉德總是把一疊名片和獵犬計畫的說明書交給客戶。說明書告訴客戶，如果他介紹別人來買車，成交之後，每輛車他會得到二十五美元的酬勞。幾天之後，喬．吉拉德就寄給客戶感謝卡和一疊名片，以後的每一年，客戶至少都會收到喬．吉拉德一封附有獵犬計畫的信件，提醒客戶自己的承諾仍然有效。如果喬．吉拉德發現客戶是一位領導人物，其他人會聽他的話，那麼喬．吉拉德會更加努力促成交易並設法使其成為「獵犬」。「獵犬」計畫使喬．吉拉德收穫頗豐，一九七六年，這一計畫為喬．吉拉德帶來了一百五十筆生意，占總交易額的三分之一，也為他創下了銷售紀錄——連續十二年平均每天售出六輛車。

在每一個顧客的背後，大致上都有兩百五十名親朋好友，這些人又會有同樣多的關係。因此得罪一名客戶，就等於得罪了潛在的兩百五十名顧客；相反，則會產生同樣大的正效應。

這也就是說，我們不能把一個客戶看成是一張單一的資源，而應該看成是一個人脈網，我們所要做的就是利用這張人脈網，來實現銷售產品的目標。

劉小姐多年來一直在她家附近的超市買東西，但是有一天，她發誓再也不去這家超市買任何東西了。

事情是這樣的：那一天是週末，她像平常一樣去超市買日用品和牛奶、飲料。但是她發現：脫脂牛奶缺貨，麵包還是只有大袋包裝的，她有點生氣。

劉小姐是單身，大袋的麵包吃不了；她怕胖，只喝脫脂牛奶。而她已經不止一次的把她的要求（或者說是建議）告訴服務員，可是超市的做法沒有任何改變。

然後，她找到超市的經理，把自己的建議告訴了他，經理卻扔給她一句冷冰冰的話：「我們超市面向的是大眾，不能因為妳個人的要求而改變。」劉小姐十分生氣，她發誓不再來這裡買東西了。

也許這位經理只是認為失去劉小姐一個客戶沒什麼，可是他卻沒有想到，他也將因此失去劉小姐背後潛在的客戶群。假如發生了這一件事之後，劉小姐找十個人來分享她不快樂的經歷，而這十個人又分別會告訴給六個人……那麼這個超市失去的就是 10 + 10 × 6 = 70。再加上這七十個人每週平均來這裡消費五百元，那麼損失就是三萬五千元，得罪一個客戶，每週就損失三萬五千百元。

這些數字就足以叫人產生警惕，但這些數字還只是保守估計而已，一位顧客事實上每星期絕不止花五百元用於購物，所以失去一個顧客實際上造成的損失比這些數字大得多。

賣的智慧

每一個顧客的背後，大體上都有兩百五十名親朋好友。

3　從日常生活裡找客戶

銷售人員常常詢問：究竟在哪裡才可以找到準客戶？答案就是——從普通的日常生活中就能找到準客戶，做成一筆又一筆生意。

臺灣有位保險界奇人，他的核心理念就是把身邊的每個人都視為自己的客戶。他家距離火車站非常近，他每天都會來到火車站售票口排隊，他也不知道自己去哪裡，他的旅程取決於排在他前面的人，他會想方設法與前面的人聊天交談。在排隊的過程中，他就會和前面的人熟悉起來，臨到他前面的人買票說「高雄」（或其他地方）時，還沒等前面的人說完，他馬上說「兩張」，於是，他就隨著前面的人去了高雄。一起買的票，座位自然在一起，臺北到高雄的一段時間，就成了他銷售保險的時間……下車時，他已順利做成了一筆保單。回家時，他又重複上面的做法，在高雄到臺北的回程中又是一筆保單。

正是由於他把每一個人都認定是他的客戶，所以他的銷售業務幾乎從未受過挫折，銷售業績總是處於頂尖的地位。所以，銷售人員應當養成隨時發現潛在客戶的習慣，因為在市場經濟社會裡，任何一個企業、一個單位、一個家庭和一個人，都有可能是某種商品的購買者或某項服務的享受者。

對於每一個銷售人員來說，他所銷售的商品及其消費散布於千家萬戶，這些個人、企業、組織或公司不僅出現在銷售人員的市場調查、銷售宣傳、上門走訪等工作時間內，更多的則是出現在銷售人員的八小時工作時間之外，如上街購物、週末郊遊、出門做客等。習慣成自然，那麼你的客戶不僅不會減少，而且會越來越多。

銷售之神原一平尋找開發客戶的方式無奇不有，以下是他使用的所謂「墳墓尋找客戶法」。

有一天，原一平工作極不順利，到了黃昏時候，他一無所獲想回家。回家途中要經過一座墳場，在墳場入口處，他正巧看到幾位穿著喪服的人走出來；然後，他又走到一座新墳前，發現墓碑上還燒著幾柱香、插著幾束鮮花，他知道剛才那批人在這裡祭奠過，應該是親人，他也恭謹的朝著墓碑行禮致敬，並記下了刻在墓碑上的所有資訊。原一平高興極了，他想利用這些資訊去尋找他的準客戶，於是，他去問墓地的管理員：「請問，你知道有一座某某的墳墓嗎？」

「當然知道，他生前可是一位名人呀！」管理員說。

「你說得對，在他生前我們是朋友，只是不知道他的家眷現在在哪裡，我想去看看故人之後……我想你一定會知道，是嗎？」

管理員在檔案袋裡找到了墳墓主人家眷的地址，告訴了原一平，走出墓地的時候，熊熊的鬥志燃燒在他的心中。他拿著地址，成功的開發了一名客戶，他已經看到了新的希望。原一平的經歷告訴我們，只要處處留心，客戶的蹤跡是無處不在的。

銷售人員要有一種「認定對方就是我的客戶」的積極心態，把遇到的每一個人都認定是自己的客戶，使自己形成一種條件反射並積極的銷售，從而增大成功率。

賣的智慧

銷售人員只有把每一個人都認定是自己的客戶，才能使自己的銷售業績保持在頂尖的地位。

4 建立客戶網路，「網」住客戶

人與人之間的聯繫是以一種幾何級數來擴散的。無論是善於交際的公關高手，還是內向木訥之人，其周圍都會有一群人，這群人對於生意人來說，這正是你的客戶網的基礎，是你的財富。

因此，要想達到好的銷售，就要建立自己的客戶網路，並透過這一網路迅速的展開業務。

有一位旅遊公司的祕書小姐，她的工作使她有機會接觸各行業的人士，而這些人士大都是成功人士，他們有權有錢有勢有地位。這位小姐將這些人士整理成一份詳細的網路表，並按行業、性別、職務作類別劃分，這樣日積月累，一目了然。然後她發覺許多直銷貨品可以進行推銷，於是便按圖索驥，利用自己的人脈網路展開直銷貨品的推銷，居然大獲其利。

由此可見，對於銷售人員來說，如何建立起一張良好的客戶網，這是我們都面臨著的一個問題。以下幾個方面可以參考：

（1）將客戶組織化

可利用一天的時間，將所有客戶聚集起來，舉辦一些參觀名勝古蹟、搭車遊覽、看戲、聽演講等活動，藉此機會還可以出動公司裡的高層和客戶聯絡感情。而客戶方面，大家雖然未碰過面，但處於和該公司如此親密的關係之下，彼此之間相對容易溝通。如果有的客戶相互之間已經認識，你這樣使他們又聚在一起，他們也會很高興。這樣將有助於客戶對公司形象的塑造，使公司形象成為他們津津樂道的事，從而吸引更多的客戶。

此後，還可重複舉辦這種團體化的活動，也可藉此成立某某會、某某團，使客戶成為該團的成員，公司則以貴賓之禮相待。

但需要注意的是：選出一些重要的客戶，引進貴賓服務的專案。客戶們受到了特殊禮遇，就會產生感恩圖報的心理，從而更忠實於你，甚至幫你去開發新客戶。

（2）與客戶成為知心朋友

我們都知道：「朋友間是無話不說的。」如果我們與客戶成了知心朋友，那麼他將會對你無所顧忌的高談闊論。在這種高談闊論中，有他的憂鬱、他的失落，同時也有他的高興，這時你都應當和他一起分擔。他可能會和你一起談他的朋友、他的客戶，甚至讓你去找他們或者幫你電話預約，這樣你將又有新的客戶出現。

（3）客戶網要經常更新血液

客戶網是經常變化的，所以必須不斷更新，使這一網路始終保持一定的張力，這就需要我們做出合理的取捨。

比如有兩個客戶，甲客戶的訂貨量大，且與你的關係甚深，但由於其管理不善，又不聽你對管理上的建議，致使效益不斷下滑；而乙客戶的訂貨量較小，與你的關係不是很深，但其管理者很有經驗，也很樂於接受同行的好意見。當你的貨不能同時滿足兩家時，你就應當做出取捨了。如果取甲，短期內可能有利可圖，到一定時候，他終會由於

第八章　沒有客戶，沒有行銷

經營不善而不能支付你的貨款，到時你將會失去兩個客戶；如果取乙，短期內覺得收益甚微，到其壯大以及甲破產時，其優勢就明顯了。

在做合理取捨的同時，我們必須不斷補充更新鮮的血液，在已有的客戶中挖掘客戶、在挖掘出的客戶中再挖掘客戶，這是所有行銷高手都具備的，同時也是感受最深的。在這一過程，你必須要善於抓住有挖掘潛力的客戶，要善於抓住客戶中的權威者。

當你開始建立起一張良好的客戶網，並能駕馭這張網良性運作時，你就會覺得客戶的口袋是向你敞開著的。

賣的智慧

建立一張良好的客戶網。

5　三步助你輕鬆搞定客戶

商場如戰場，銷售已經成為企業生存的重要砝碼，如何成功有效的提高銷售業績，已成為銷售人員的一道難題，也是企業棘手的問題。如何深刻了解客戶需求，敏銳的洞察市場勢態，化被動為主動，抓住每一個可能的銷售機會，成為銷售人員的生存之本。一個業務人員每天要面對不同的客戶，就要用不同的方式去談判，只有不斷的去思考、去總結，才能與客戶達到最滿意的交易。

以下三步可以助你輕鬆搞定客戶：

第一步：分析客戶的性格

性格是指一個人經常性的行為特徵以及適應環境而產生的慣性行為傾向，而性格往往可以左右一個人的處事風格，只要你稍加注意，就能輕鬆分辨出客戶屬於哪種性格。

（1）自命不凡型

這類人喜歡聽恭維的話，你得多多讚美他（她），迎合其自尊心，千萬別嘲笑或責罵他（她）。

（2）脾氣暴躁，唱反調型

對付這類人，你要面帶微笑，博其好感，先承認對方有道理，並多傾聽，不要受對方的「威脅」而再「拍馬屁」。宜以不卑不亢的言語去感動他（她），讓對方在你面前自覺有優越感。

（3）猶豫不決型

這種類型的人在冷靜思考時，腦中會出現「否定的意念」，要取得對方的信賴，宜採用誘導的方法。

（4）小心謹慎型

要迎合他說話的速度，語速盡量慢下來，才能使他感到可信。

（5）貪小便宜型

多給這類型的客戶一些小恩小惠即可搞定。

（6）來去匆匆型

稱讚他是一個活得很充實的人，並直接說出產品的好處，要抓重點、不必拐彎抹角，只要他信任你，這種類型人做事通常很爽快。

（7）經濟不足型

讓他對產品感興趣，但是對方又拿不出現金，這時候就要想辦法刺激他的購買欲望，和一起來的人做比較，使其產生不平衡的心理，也可以讓他分批購買。

第二步：投其所好，尋找共同點

在確定客戶的性格後，在談話時就要找到與客戶的共同點並投其所好的溝通，從而達成有效的對談。為此，我們要做到與活潑型客戶一起快樂，表現出對他們個人有興趣；與完美型客戶一起統籌，做事要周到精細、準備充分；與力量型客戶一起行動，講究效率和積極務實；與和平型客戶一起輕鬆，使自己成為一個熱心真誠的人。與活潑型客戶一起快樂，與完美型客戶一起統籌，與力量型客戶一起行動。

第三步：掌握步步為營的談判技巧

作為市場行銷人士，每天和不同對象進行的溝通交流、協商協調，實質上就是不同形式的銷售談判。雖然銷售談判的時間、地點、內容、級別、規模、形式、對象不同，但是其中不乏共同之處：

一是透過談判加強雙方或多方的溝通，加深了解，在化解矛盾和分歧基礎上達到共識，以實現交易或合作的目的。

二是這種短兵相接的溝通交流，力爭在交易和合作中實現自身利益的最大化。

三是談判中許多謀略的設計和實施，都是在面對面的情況下進行的。

即使是談判前制定了一些必要的原則，談判中也要根據情勢的變化而變化。所以，銷售談判稱之為面對面的謀略，要想掌握銷售談判的主動權，就必須研究運用一些必要的談判技巧。由於銷售談判具有靈活多變的特徵，不可能有一個一成不變的公式，但是也有一些共性的基本技巧，如能靈活運用，將會對參與銷售談判有所幫助。

賣的智慧

分析客戶性格、投其所好、運用談判技巧是輕鬆搞定客戶的三個步驟。

6　如何永遠贏得客戶

為了贏得顧客，在商戰中不斷打價格戰，提高產品的品質，可是顧客依然會跑向競爭對手的懷抱。於是，你使出渾身解數也不能安撫失望的顧客，只能眼睜睜的看著口碑受損、利潤下降，這是為什麼？因為你不知道留住客戶的策略。

不管今天在市面上有多少種叫不出名字的產品或服務，人們之所以願意拿辛苦賺來的錢去換取，是基於以下兩個理由：一是愉快的感覺，二是問題的解決。把心思放在顧客所需要和想要的東西上，幫助他們做最好的選擇，讓他們心滿意足的離去。這個道理適用於每個人，無論是否從事銷售的工作，讓幫助顧客成為你工作中的首要信條，日日信守不渝。

以下關鍵的應對策略，有助於將一般人化為顧客，把顧客化為事業上終身的夥伴。

（1）永遠把自己放在顧客的位置上

你希望如何被對待？上次你自己遇到的問題是如何得到滿意解決的？把自己擺在顧客的位置上，你會找到解決此類投訴問題的最佳方法。

（2）多說「我們」少說「我」

銷售人員在說「我們」時會給對方一種心理暗示：銷售人員和客戶是在一起的，是站在客戶的角度想問題。雖然它只比「我」多了一個字，卻多了幾分親近。

（3）每日工作之前檢查一番

顧客對你的第一個印象，大部分取決於你的服裝、儀容、言談舉止以及其他五官所能感覺到的一切。每天工作之前將專案列表逐一檢查、核對，務必給顧客一個好印象。首先從自身開始，是否睡眼迷濛？是否衣著整潔？有無口臭或汗臭？個人名片及資料是否乾淨無損？辦公桌是否清潔有序？你和辦公室其他同仁是否在外觀和內在都做好了給顧客一流服務的印象？另外，你還得從顧客的角度對相關的一切做一番審視。如果你能做好上述事宜，就等同於讓自己掌握住關鍵時刻的每一個可能的機會，使你和顧客彼此獲益。

（4）不要放棄任何一個不滿意的顧客

一個優秀的銷售人員非常明白：顧客的主意總是變來變去的，把所有的產品介紹給他都是白費；剛剛和他取得一致意見，他馬上就變了主意要買另一種產品。向客戶提供服務也是一樣的，有時五分鐘的談話就足以使一個滿腹牢騷並威脅要到你競爭對手那裡去的客戶平靜下來，並和你簽約。

（5）問話要切題

如果你不知道顧客的需求和問題，就對他無能為力。最簡單的方法便是和他交談，先從使顧客不覺得有壓力但相關的話題開始談起，盡量鼓勵他多說多講。當他說到你有興趣的話題，要頷首同意，不僅表示自己專注在聽，同時也可鼓勵對方談得更起勁。如果你不得不問起像「您打算花費多少錢來買呢？」的敏感話，一定要和對方說明，你的用意是想知道自己能否幫得上忙。

以下是一些合適的開頭話：

您希望用它做什麼？

您對敝公司產品和服務有多少了解呢？

您希望我跟您如何配合？

賣的智慧

留住客戶不難，永遠贏得客戶就很難。

7 不同的客戶，不同的策略

俗話說，「知彼知己，百戰不殆」，推銷人員在推銷過程中要因人而異、靈活應對，不同的客戶要採取不同的策略。下面我們簡單的介紹一下不同類型的客戶。

（1）冷靜理性型顧客

此類型顧客嚴肅冷靜、遇事沉著，不易為外界事物和廣告宣傳所影響，他們會認真聆聽推銷員的建議，有時還會提出問題和自己的看法，不會輕易做出購買決定。這類顧客對於第一印象惡劣的推銷員絕不會給予第二次見面機會，而總是與之保持距離。而對此類顧客，推銷人員必須從熟悉產品特點著手，謹慎的應用層層推進引導的辦法，多方分析、比較、舉證、提示，使顧客對產品有了全面了解，以期獲得對方理性的支持。與這類顧客打交道，推銷建議只有經過對方理智的分析思考，才有被顧客接受的可能；反之，拿不出有力的事實依據和耐心的說服講解，推銷是不會成功的。

（2）優柔寡斷型顧客

此類型顧客的一般表現是：對是否購買某件商品猶豫不決，即使決定購買，但對於商品的品項規格、樣式花色、銷售價格等又反覆比較，難於取捨。他們外表溫和，內心卻總是瞻前顧後、舉棋不定。對於這類顧客，推銷員首先要做到不受對方影響，商談時切忌急於成交，要冷靜的誘導顧客表達出所疑慮的問題，然後根據問題做出說明；除了推銷員的示範，還要鼓勵顧客親手操作，以消除顧客的猶豫心理。等到對方確已產生購買欲望後，推銷人員不妨採取直接行動，促使對方做出決定。比如說：「好吧，交貨時間就定在下週三上午。」「那麼，我們什麼時候送貨，您比較方便呢？」

（3）自我吹噓型顧客

此類型顧客喜歡自我吹噓、虛榮心很強，總在別人面前炫耀自己見多識廣、高談闊論，不肯接受他人的勸告。與這類顧客進行推銷訪問的要訣是：以他自己熟悉的事物尋找話題，適當利用請求的語氣。在這種人面前，推銷員最好是當一個「忠實的聽眾」，津津有味的為對方稱好道是，且表現出一副羨慕欽佩的神情，澈底滿足對方的虛榮心，這樣一來，對方則較難拒絕推銷人員的建議。

（4）豪爽乾脆型顧客

此類型顧客多半樂觀開朗，不喜歡婆婆媽媽、拖泥帶水的做法，決斷力強，辦事乾脆豪放、慷慨坦率，但是往往缺乏耐心，容易感情用事，有時會輕率馬虎。與此類型顧客交往，推銷員必須掌握火候，上門介紹時乾淨俐落、簡明扼要的講清你的推銷建議，對方基於其性格和所處場合，肯定會乾脆爽快的給予回覆。

（5）喋喋不休型顧客

推銷人員一旦遇到此類型顧客，可以發現他們的主要特點是喜歡憑自己的經驗和主觀意志判斷事物，不易接受別人的觀點。此類型顧客一旦開口，便滔滔不絕，雖口若懸河，但常常離題，推銷人員如不及時加以控制，就會使雙方的洽談成為家常式閒聊。應付這些顧客時，推銷員要有足夠的耐心和控場能力，利用他敘述評論興致正高時引入推銷的話題，使之圍繞推銷建議而展開對談。當顧客情緒激昂的高談闊論時，要給予合理的時間，切不可在顧客談興正濃時貿然制止，否則會使對方產生怨恨，越想急切的向對方說明，越會帶來逆反作用。一旦雙方的推銷協商進入正題，推銷員就可任其發揮，直至對方接受你的產品為止。

（6）沉默寡言型顧客

此類型顧客與喋喋不休型顧客正好相反，老成持重、穩健不迫，對推銷員的宣傳勸說之詞雖然認真傾聽，但是反應冷淡，不輕易談出自己的想法，其內心感受和評價如何，外人難以揣測。一般來說，沉默寡言型的顧客比較理智，感情不易激動，推銷人員應該避免講得太多，盡量使對方有講話的機會和體驗的時間，進行面談時要循循善誘，著重以邏輯啟導的方式勸說顧客，詳細說明產品的使用價值和產品利益所在，並提供相應的權威資料和證明，供對方分析思考、判斷比較，加強顧客的購買信心，引起對方的購買欲望。有時顧客沉默寡言是因為他討厭推銷人員或其銷售的商品，他們對推銷員或產品主觀印象欠佳就閉口不理，對待這種顧客，推銷員要表現出誠實和穩重，特別注意談話的態度、方式和表情，爭取給對方良好的第一印象，提高自己在顧客心目中的美譽度，善於解答顧客心中的疑慮，了解和把握對方的心理狀態，才能確保雙方面談過程不致冷淡和中斷破裂。

（7）吹毛求疵型顧客

此類型顧客疑心重，一向不信任推銷員，片面認為推銷員只會誇張的介紹產品的優點，而盡可能的掩飾不足，如果相信推銷員的甜言蜜語，可能會上當受騙。這類顧客多半不易接受他人的意見，而且喜歡雞蛋裡面挑骨頭，喜歡當面與推銷員辯論一番。與這類客戶打交道，推銷員要採取迂迴戰術，先與他交鋒幾個回合，但是必須適可而止，最後故作宣布「投降」，如此，有時反而更容易達成推銷交易。

（8）情感衝動型顧客

一般來說，情感衝動型的顧客具有以下幾個特點：第一，他們對於事物變化的反應敏感，一般人容易忽視的事情，這種人不但注意到了，而且還可能耿耿於懷；第二，他們過於自省，往往對自己所採取的態度與行為產生不必要的顧慮；第三，他們情緒表現不夠穩定，容易偏激，即使在臨近簽約時，也可能突然變卦。這些顧客容易感情用事，稍受外界刺激便為所欲為，至於後果如何則毫不顧忌。這類顧客反覆無常、捉摸不定，在面談中常常打斷推銷人員的宣傳解釋；而對自己的原有主張和承諾，都可能因一時衝動而推翻，從而給推銷製造難題。面對此類顧客，應當採取果斷措施，切勿礙於情面，必要時提供有力的說服證據，強調給對方帶來的利益與方便，支持推銷建議，做出成交嘗試，不斷敦促對方盡快做出購買決定，言行謹慎周密，不給對方留下衝動的機會和變化的理由。

（9）心懷怨恨型顧客

此類型顧客對推銷活動懷有不滿和敵意，若見到推銷員上門來訪，便不分青紅皂白，不問清事實真相，滿腹牢騷破口而出，對你的宣傳介紹進行無理攻擊，給推銷員造成難堪的局面。針對這種顧客的言行特點，推銷員應看到其一言一行貌似無理取鬧，但是對方實際上有某種失望的情感摻雜在一起，認為上門來銷售的產品都是低劣的，而推銷員都是油嘴滑舌的騙子。這些顧客的抱怨和牢騷中可能有一些是事實，大部分情況還是由於不明事理或存在誤解而產生的，有些則是憑某個人想像或妄斷才對推銷人員做出惡意的攻擊。與這類顧客打交道時，推銷人員應先查明顧客抱怨和牢騷產生的緣由，假如確有其事則盡力設法消除。例如顧客先前曾受過服務不周、維修不便的苦，此時推銷員不妨以誠懇禮讓的態度向對方解釋：「您以前的這番遭遇，我聽了心裡也不是滋味，不過請您放心，類似這種對顧客不負責任的事絕不會在我們企業出現，我們公司的售後服務保證會使您感到滿意的。」透過這一番話語，推銷人員對顧客抱以同情，並保證自己的企業不會發生類似事情，同時請顧客給自己一次機會以證明言而有信、說到做到。顧客聽了推銷員的一番敘說，覺得以往的損失已得到別人的同情，並且可以在未來的成交中得到補償，於是心中的不滿會得到平息。值得指出的是，這種類型的顧客由於受過委屈，心中存有不平，不太喜歡別人開玩笑，因此推銷員在商談時最好不要與之開一些無謂的玩笑，對他們要曉之以理、明之以利、動之以情，切忌急躁盲動，同時要遵守洽談時許下的諾言，切勿食言。

（10）圓滑難纏型顧客

此類型的顧客好強且頑固，在與推銷人員面談時，先是堅守自己的陣地，並且不易改變初衷，然後向你索要產品說明和宣傳資料，繼而找藉口拖延，還會聲稱另找幾家購買，以觀推銷員的反應。倘若推銷員初次上門，經驗不足，便容易中其圈套，因擔心失去主顧而主動降低售價或提出更優惠的成交條件。針對這類圓滑老練的顧客，推銷員要預先洞察他的真實意圖和購買動機，在面談時造成一種緊張氣氛，如現貨不多、不久後要漲價、已有人訂購等，使對方認為只有當機立斷做出購買決定才是明智舉動。對方在如此「緊逼」的氣氛中，推銷人員再強調購買的利益與產品的優勢，加以適當的「利誘」，如此雙管齊下，顧客也就沒有糾纏的機會，失去退讓的餘地。由於這類顧客對推銷員缺乏信任，不容易接近，他們又總是以自己的意志強加於人，往往為區區小事與你爭執不下，因而推銷員事先要有受冷遇的心理準備。在洽談時，他們會毫不客氣的指出產品的缺點，且先入為主的評價推銷人員和相關廠商，所以在上門走訪時，推銷員必須準備足夠的資料和佐證。另外，此類型顧客往往在達成交易時會提出較多的額外要求，如打折扣等，因此推銷員事先在價格及交易條件方面要有所準備，使得推銷訪問井然有序，避免無功而返。

賣的智慧

不同的客戶，不同的策略。

8　找客戶有方法

做銷售不難，難就難在尋找客戶上，搜尋新客戶的方法有很多，採用何種方法取決於你所銷售的產品和服務以及所要接觸的客戶類型。以下尋找客戶的方法可做參考：

（1）從公司資源中搜尋潛在客戶

你所在的公司是最容易使用的資源，而且它肯定能為你提供幫助。銷售人員應充分利用公司內部來搜尋客戶：

①　當前客戶。公司的其他部門可能正在向你不知道的一些客戶進行銷售，你可以從這些部門獲得客戶目錄清單以及與這些客戶相關的有價值的資訊。這些目錄清單可能包括一些你以前忽略掉的潛在客戶，由於這些客戶是你公司的老主顧，所以非常有理由相信他們會對你提供的商品或服務感興趣。

②　向產品服務及技術人員了解。企業裡的其他人在聽到有價值的資訊時會想到你，比如財務部的某人知道你的一個客戶近來幾次遲交貨款，這是銷售中有價值的資訊。由於你認識那個客戶，你可以為他重新安排，也許成長不如料想的那麼高，或者你們的產品和服務對他們來說太昂貴了。但與其讓客戶溜走，不

如幫助客戶消減設備支出或制定其他資金安排。他們不會忘記你，將成為你長期的忠誠客戶。

銷售人員要形成定期檢查企業服務和維修紀錄的習慣。詢問客戶服務部門你的客戶打過幾通諮詢電話，如果次數很多，你需要安排時間回訪他們。也許他們處於成長階段，你可以幫助他們贏得新的服務；也許他們使用這種獨特的設備有困難……如果他們不了解新情況購買了一個檸檬，在他們要求退換之前，幫助他們做成檸檬汁。

另外，如果你花一些時間了解了客戶使用產品的情況，你將準確的知道何時以及如何與他們聯絡，將新產品和創新情況通知他們，這肯定會有助於你增加新產品的銷售數量。

③ 公司廣告。很多公司訂貨增加是因為它們投了大量電視和廣播廣告，或是在報紙雜誌上做了大量宣傳，在特定區域內寄送了大量優惠券。人們對這些措施的反應值得我們注意——他們為什麼會有這樣的反應呢？有這些反應的人被稱為活躍的潛在客戶，要在你的銷售過程中盡量發揮公司廣告所帶來的好處。

④ 展覽會。每年有成千上萬次展覽會舉行，展覽會是拓展人際關係的重要途徑之一。你需要事先準備好收集到的客戶資料，了解客戶的興趣點以及現場解答客

戶的問題。即使你的公司沒有舉辦展示會，你也可以參加你的客群舉辦的展覽會，當然你要有辦法拿到他們的資料。

⑤ 電話。很多公司僱人進行電話導購，用這一方法可以獲得大量潛在客戶，而且幾乎所有的公司都可以用這一方法吸引感興趣的潛在客戶。因此，要努力使你透過這一方法獲得好處。

（2）從外部資源中搜尋目標客戶

除了本公司內的資源以外，在公司外還有很多資源可以用來尋找新客戶，選擇何種方式取決於你所銷售的商品或服務。

① 其他銷售人員。其他非競爭公司的銷售人員經常提供有用的資訊，在與他們自己的客戶接觸時，可能會發現對你產品感興趣的客戶，如果你與其他銷售人員關係不錯，他們會把這些資訊告知你。所以銷售人員要注意培養這種關係，並在有機會時提供他們同樣的幫助。

② 查看分析各種資料。其中包括：統計類資料（國家相關部門的統計調查報告、行業在報刊或期刊等上面刊登的統計調查資料、行業團體公布的調查統計資料等）、名錄類資料（客戶名錄、同學名錄、會員名錄、協會名錄、職員名錄、

名人錄、公司年鑑、企業年鑑等）、報章類資料（報紙和雜誌等）。這裡最重要的就是各種名錄，獲得優質名錄的方法有：

第一，購買或者租用別人的名錄。

只要用心，你就可以找到一些名錄中間商，他們可以提供你事先經過篩選的客戶名錄。

第二，交換名錄。

每個人、每家企業的資源都不一樣，其名單當然也不一樣。如果交換一下，名單就可以再次被利用，產生更大的價值。需要注意的是你在挑選交換名單的對象時，一定要考察這家公司的信譽及口碑，他們是否合法，或者是否有行業道德，否則寧可不換。

③上網去找。網路上有很多龐大的資料庫，免費或小額付費即可進去瀏覽，其資訊一般有相當高的正確性；再者，其資料皆已進行了相當的分類，篩選後即可得到有效的資料。

④社團和組織。你的產品或服務是否只是針對某一個特定社會團體，例如：青年人、退休人員、銀行家、廣告商、零售商、律師或藝術家，如果是這樣，那麼這些人可能屬於某個俱樂部或社團組織，因此它們的名錄將十分有用。

⑤填資料換贈品。用贈品來換取準客戶資料是由來已久的方法，而它有效的程度常令人吃驚。但注意提供的贈品要與銷售的產品有高度關聯性，在設計調查問卷時，其內容也要和自己的銷售密切相關，否則可能無助於日後的實際銷售。例如：若銷售的是減肥產品，便需要了解客戶對減肥產品的概念、所掌握的資訊從何處得到、家裡人口數及年齡層等等，這有助於日後廣告和銷售商品的資訊。當然，贈品未必要昂貴的，而應以適用客戶為首要原則。

賣的智慧

銷售就是找到客戶。

9 準客戶的三個條件

一名銷售人員如要獲得真正的客戶，必須能夠判斷哪些客戶有能力購買，而且確實有購買需求、有購買的決策權，從而順利的達到銷售目的。準客戶的三個條件：

（1）購買能力

一個銷售人員在分析客戶的購買能力時，首先要從考察經濟環境開始，經濟環境可以制約和影響客戶購買能力，它主要是指社會生產的發展狀況、經濟成長的速度和人們消費水準對市場供求的影響，從而制約著企業的生產行為與銷售人員的銷售行為。進一步考察經濟環境因素對客戶購買力的影響有：

①經濟發展速度和產業結構，制約著企業產品供應構成及其變化趨勢。

②國民收入和分配政策，以及大眾消費水準，決定市場購買的整體規模和客戶購買的總體能力。

③市場產品的供求態勢及其波動程度，以及價格指數的變動可能給銷售成本帶來的影響。

④個體市場的經濟環境，包括進貨、儲藏、運輸、銷售的具體條件，在一定程度上給銷售活動帶來的影響程度。

⑤了解競爭同行的發展現狀以及本公司、本產品的市場占有率，以此作為制定銷售方案和銷售策略的依據。

其次，銷售人員除了要掌握客戶購買能力的大小，還要認真分析客觀消費環境。

銷售人員面對的客觀消費環境，是指影響銷售活動的消費因素總和，其中主要是人的因素。客戶是購買能力的主體，這裡考慮的相關要素有：

①人口的收入多少決定購買力大小，從而影響市場的規模和取向。

②人的地理分布反映了購買的地區差別，構成互有差異的消費族群，產生不同的購買特點和消費結構。

③性別差異形成各有特色的消費對象、購買習慣和購買行為方式。

④客戶年齡不同、職業差異所形成的消費需求和購買行為上的差異。

⑤人口數量因素決定的市場購買容量和客戶購買潛力。

在分析客戶的購買能力時，銷售人員只有確認銷售對象既有購買需求又有足夠的購買支付能力時，才能列入「準客戶」的名單之中，否則，投入再多的時間與努力亦是枉然。

（2）購買需求

潛在客戶是否有需求欲望？客戶是否存在需求，是銷售能否成功的關鍵。如果銷售對象根本就不需要銷售人員所銷售的產品或服務，對其進行的銷售肯定是徒勞的。

經過嚴格的鑑定以後，如果銷售人員確認某特定銷售對象不具有購買需求，或者發現自己所銷售的產品或服務不能適應某特定對象的實際需求，不能幫他解決任何實際問題，那麼就應該放棄向他銷售。如住在公寓房中的人不會對鋁製門窗感興趣，連駕駛執照都沒有的人一般不會去購買新車，不進行焊接工作的公司一般不會購買鐳射焊接機等等。潛在客戶是否有某種購買動機？如果有，這說明潛在客戶有購買欲望，而一旦確信客戶存在需求且存在購買的可能性，就應該信心百倍的向他銷售，而不應有絲毫的猶豫和等待。

客戶的購買需求是多種多樣的，在接受銷售和使用、消費過程中，總會直接或間接的表現出來。而且，由於銷售對象千差萬別，一個人往往同時受幾種消費心理需求的左右和支配。值得強調的是，「購買需求」是一個彈性很大的因素，在考察和分析客戶的購買需求時，還要考慮其購買的可能性。如果某一位客戶剛剛購買了此類家電產品，雖然銷售人員有高超的銷售手腕，所銷售的家電產品在各方面也優於客戶先前買下的那種產品，但是在這種既定事實面前，客戶不可能馬上丟棄手中的產品而再度購買，銷售人員要促成這筆交易也絕非易事。

（3）購買決策權

潛在客戶是否有決定購買的權力？銷售要注重效率，向一個家庭或一個組織客戶進行銷售，實際上是向該家庭或該組織的購買決策人進行銷售，因此客戶購買決策權的鑑定，也就成為客戶資格鑑定的一項重要內容。若事先不對銷售對象的購買決策狀況進行了解，不分青紅皂白，見到誰就向誰銷售，很可能事倍功半，甚至一事無成。銷售人員必須了解組織客戶內部的人事關係、組織機構、決策系統和決策方式，掌握其內部各部門主管人員之間的相對許可權，向具有決策權或對購買決策具有一定影響力的人進行銷售。只有這樣，才能達到銷售的目的。

從現代銷售的基本觀點來看，正確分析銷售對象家庭裡的各種微妙關係、認真進行購買決策權的鑑定，仍是非常必要的。對於組織客戶，比如企業、機關和學校等，購買決策權的鑑定尤為重要，如果銷售對象範圍太大，勢必造成銷售的盲目性。在一般情況下，許多客戶的採購決定權，並非掌握在少數單位領導人的身上，有實際控制權力的人往往是採購部門的主管人員和行政人員。以一家百貨商場為例，日常需要購進的商品項、規格、價格、數量都要列入考量，以致選擇哪一家供應廠商，並不是事無巨細都讓商場總經理裁決，而大多數交由該百貨商場的二級部門經理和採購人員、辦事人員，在他們的具體商量定下，最終洽談成交。如果銷售人員不了解這種情況，幾次上門都徑直找總經理聯絡，而沒有與商場採購人員和部門主管打交道，那麼這樣的銷售是很難獲得成功的。

客戶資格鑑定是客戶研究的關鍵，鑑定的目的在於發現真正的銷售對象，避免徒勞無功的銷售活動，確保銷售工作做到實處。在尋找潛在客戶的過程中，還可以參考以下「MAN」原則：

・M：MONEY，代表「金錢」，所選擇的對象必須有一定的購買能力。

・A：AUTHORITY，代表購買「決定權」，該對象對購買行為有決定、建議或反對的權力。

・N：NEED，代表「需求」。該對象有這方面（產品、服務）的需求。

・「潛在客戶」應該具備以上特徵，在實際操作中會碰到以下狀況，應根據具體狀況採取具體對策。

・M＋A＋N：是有望客戶，理想的直銷對象。

・M＋A：可以接觸，配上熟練的直銷技術，有成功的希望。

・M＋N：可以接觸，並設法找到具有A之人（有決定權的人）。

・A＋N：可以接觸，需調查其業務狀況、信用條件等給予融資。

上述條件一個也不具備，這是非客戶，應停止接觸。由此可見，潛在客戶有時在欠缺了某一條件（如購買力、需求或購買決定權）的情況下，仍然可以開發，只要應用適當的策略，便能使其成為企業的準客戶。

賣的智慧

準客戶的三個條件：客戶有購買能力、有購買需求、有購買的決策權。

10 網路與行銷

隨著網路的發展，網路讓人們生活的範圍越來越大，也讓人們的距離越來越近，溝通的形式也越來越簡單，物以類聚，人以群分。有共同喜愛和追求的人們透過這個平台工具，聚集一起形成各種小範圍組織。朋友之間的信任程度，要遠遠高於明星代言人或者一條廣告，聰明的商家善於利用網路的優點，網路成為了現代行銷的一種模式。

網路行銷的影響力是傳播性的，網路上的意見對於消費者也是有影響力的。現在很多人要購買一個產品，都會上網進行收集資訊，有很多消費者都會到各類論壇上去尋找其他人的使用感受等，各種由網友自行組建的群組就成為了這些資訊的聚合點，而這些資訊不僅對於群內的人產生影響力，對於群外的目標客戶，其影響力也是明顯的。按照大眾行銷做廣度、小眾行銷做深度的原則，網路行銷最重要一點就是做深、做透。

某集團旗下的蔬果汁產品就是一個利用網路平台來行銷的一個成功案例。

有一款種菜遊戲，從產品概念的植入、使用者經驗植入再到品牌主張植入，把產品的核心概念和品牌主張一步一步傳遞給目標消費者，同時在遊戲中還設計了一個榨汁過程，使用者可以利用收穫的蔬果進行榨汁，榨汁出來的產品以蔬果汁真實產品為形象，存放在使用者的倉庫中。最後就是線上和線下的完美結合，把自己生產的果汁透過抽獎送給朋友，朋友會透過配送收到真實的蔬果汁產品。短短兩個月粉絲人數達幾十萬，整個活動三個月的行銷，不僅提升了品牌認知度，其銷量也是翻了一倍。

透過這個案例可以看到，企業做網路行銷，可以從以下幾個方面來做：

（1）自己創群組，做好線上交流與線下的各類活動。

比如某汽車品牌通常都是自己組品牌車友俱樂部，透過俱樂部的論壇、部落格，LINE群組等方式經常進行交流。透過線上交流、線下交友出遊活動，擴大了品牌知名度，並同時影響了更多潛在客戶，對擴大銷量有很大的幫助。自己組群組除了要做好線上交流、線下活動，同時還要強調擴大影響力和實際的服務工作，因為影響力大小對最終實現行銷的效果有至關重要的作用，而且網路不一定都是正面資訊；如果服務不到位，負面資訊會擴展得更快。

（2）與目標客群進行合作，支持和贊助活動、或製造正面的話題讓圈子成員廣泛參與。

企業除了自己組群組外，還要與目標對象進行廣泛的合作，支持並贊助這些成員辦活動，同時做針對性的客戶行銷。例如有些戶外運動裝備企業，他們就經常與各種登山、野營的團體等組織合作，透過他們的群組找到很好的資訊傳播和行銷管道，並透過經常性贊助活動擴大了品牌知名度，同時取得很好的行銷效果。

（3）與部分圈子中的意見領袖合作，透過意見領袖傳播品牌價值。

每個群組都有至少一兩個意見領袖，企業不能忽視這些意見領袖的作用，必要時可以和這些意見領袖進行合作，他們在網路的某些社區發表對於產品和產品使用的基本資訊、以及使用經驗和感受等，以實現低成本的行銷。

（4）建立資料庫，做精準客戶行銷。

網路群組行銷是一種很精準的行銷工具，我們身處某一類愛好族群，就很容易取得他人信任，並建立、維持關係。比如，鈴木車友俱樂部最高時群組有三萬多人，可按照他們的不同屬性類別建立關聯資料庫，當有新產品資訊或活動時，就按照不同屬性進行有選擇的發送或者安排活動，群組把這種精準行銷和品牌推廣形成了口碑傳播，並推向了最大值。

賣的智慧

網路是現代行銷的一種重要模式。

11　滿足客戶的需求

贏得顧客才能贏得市場，要想在市場立足，首先要站在客戶的位置上，想客戶所想，滿足客戶的需求，善待每一個客戶，以他們的需求與利益為根本，才能增強你的競爭實力，才能贏得顧客。

蘇先生出生在曼谷的唐人街，因為家境欠佳，他十五歲便開始打工謀生。由於勤奮好學，蘇先生在很短的時間內便累積了豐富的商業營運經驗。小有累積後不久，他毅然決定拓展一片新天地，便以僅有的一點資本開了一家釀酒廠。

蘇先生的酒廠創建後，基本上沒有幾個人願意進貨，蘇先生只能勉強維持酒廠的生意，但是他還是不知道，飄香四溢的好酒怎麼就是賣不出去呢？

蘇先生開酒廠，釀出的酒不符合消費者的口味，而他又沒有進行市場調查，不向客戶了解自己生產的酒的缺點，故而遭遇經營失敗。客戶的需求是獲得利潤的途徑，只有滿足客戶的一切需求，商品才有銷路，企業才能獲得利潤回報。

「客戶至上」永遠是銷售取勝的重要一著，「客戶至上」不僅僅是產品的品質，也不僅僅是服務，更重要的是滿足客戶的真實需求。公司只有意識到自身的劣勢與優勢，虛心接受客戶的意見並做出及時反應，且時時把顧客作為自己的「上帝」，才能獲得良好的聲譽和客群。

有一家以生產汽車千斤頂為主的公司，產品主銷美國。他們的產品原來是按日本標準製造的，安全、品質均無問題，而且也已出口多年。在美商提出希望按美國標準生產，以增加美國人對產品的安全感後，廠裡立即安排人手進行重新設計。當美方又提出產品淨重最好不超過七磅時，他們意識到這是一個極好的機會，因為低於七磅的物品在美國可以郵購，於是他們又及時做出反應，使客戶非常滿意，他們的訂購量也因此大增，產品順利進入了美國郵購市場，年創匯兩千多萬美元。

客戶的要求是你獲得利潤的途徑。這充分說明了一個企業的成長和壯大與滿足客戶的需求是分不開的，只有不斷改進，才能在激烈的市場競爭中獲勝。

某集團執行長曾經說過：「一個企業要持續發展，只有得到社會和顧客的承認，才能獲得市場和競爭力，才能保證企業向前發展。」

賣的智慧

滿足客戶的需求是你做好銷售的唯一途徑。

12　善行天下，博取消費者的好感

「仁」是孔子人本主義哲學的中心概念。在《論語》中，《說文》解釋「仁」說：「仁，親也，从人从二。」即『仁』是表示人與人之間相互關係的哲學範疇。「仁」的內涵很豐富，但是它最基本的意義是「愛人」，這裡說明了人與人之間的關係是互愛的，這種思想源於孔子對人的基本的哲學評價。孔子認為，人為萬物之靈，人是得天地之靈氣而生的，人與人之間的基本關係應該是互愛互助的，只有這樣，人際關係才能和諧，社會才能得到安寧和發展。

作為一個企業經營者一定要樹立為民、為國，服務社會的企業理想，把仁愛之德施之於人民大眾。

猶太商人也懂得「顧客回報」之道，他與孔子的「仁義之道」有著異曲同工之妙，他們勇於在一些關鍵上花大錢，比如他們善行天下、贊助社會公益事業。

猶太商人熱心於公益事業，說穿了也是一種行銷策略，在為企業提高知名度、擴大影響、博取消費者好感等方面具有重要意義，對企業鞏固已占有市場及今後擴大市場占有率產生深遠影響。縱觀眾多猶太巨賈的成功歷程，不難發現他們有一個共同手法：即在發財致富的同時，慷慨解囊熱心於各種善事和公益事業。

十九世紀中期到二十世紀初期，俄國銀行家金茲堡家族在一八四〇年創立第一家銀行，後經過幾十年的經營發展，在俄國開設了多家分行，並與西歐金融界發展廣泛的業務關係，成為俄國最大的金融財團，其家族成員成為世界屈指可數的大富豪。

金茲堡家族像其他猶太富豪一樣，在其發跡過程中做了大量的慈善工作。他在獲得俄國沙皇的同意後，在彼得堡建立了第二家猶太會堂；一八六三年，他又出資建立俄國猶太人教育普及協會；用他在俄國南部的莊園收入建立猶太農村定居點。金茲堡家族第二代繼續把慈善工作做下去，曾把其擁有的在當時歐洲最大的圖書館捐贈給耶路撒冷猶太公共圖書館。

美國猶太商人史特勞斯，他從商店記帳員開始，步步升遷，最後成為美國最大的百貨公司之一的總經理，一九三〇年代成為世界上首屈一指的富豪。在他事業成功的過程中，他也做了大量的慈善活動：除了關心公司員工的福利外，他曾多次到紐約貧民窟察訪，捐資興建牛奶消毒站，並先後在美國三十六座城市分發牛奶給嬰幼兒，到一九二〇年止，他在美國和國外建立了兩百九十七個施奶站；他還資助建設公共衛生事業，一九〇九年在美國紐澤西州建立了第一個兒童結核病防治所；一九一一年，他到巴勒斯坦訪問，決定將他三分之一的資產用於該地興建牛奶站、醫院、學校、工廠，為猶太移民提供各項服務。

上述諸如此類的例子還有很多很多。猶太商人如此樂於做善事，實際上也是一種生意經。他們大量的捐款為所在地興辦公益事業，會贏得當地政府的好感，對他們展開各種經營十分有利。有些猶太富商由於對所在國的公益事業有重大義舉，獲得了國王的封爵，如羅斯柴爾德家族有人被英王授予勳爵爵位，有些猶太商人還獲得當地政府給予開發房地產、礦山、修建鐵路等的優惠條件。

人是群居動物，人與人關係的運用，對事業的影響很大。政治家因得人而昌，失人而亡；企業家因供應的商品或服務，為人所歡迎而發財。因此，一個商人要想做好生意，一定要有社會基礎，要有顧客緣，欲達到這一點，就必須施「仁」，必須付出愛心以回報社會，你才能擁有廣大的客群。

賣的智慧

「仁」是一切商業活動的基礎。

電子書購買

國家圖書館出版品預行編目資料

客訴行銷：哪怕對方又奧又盧，也要讓他買得心服口服 / 黃榮華、劉金源　著 . -- 第一版 . -- 臺北市：清文華泉事業有限公司, 2021.05
面；　公分
ISBN 978-986-5552-69-5(平裝)
1. 銷售 2. 銷售員 3. 職場成功法
496.5　　110000450

客訴行銷：
哪怕對方又奧又盧，也要讓他買得心服口服

作　　者：黃榮華、劉金源　著
發 行 人：黃振庭
出 版 者：清文華泉事業有限公司
發 行 者：清文華泉事業有限公司
E-mail：sonbookservice@gmail.com
粉 絲 頁：https://www.facebook.com/sonbookss/
網　　址：https://sonbook.net/
地　　址：台北市中正區重慶南路一段六十一號八樓 815 室
Rm. 815, 8F., No.61, Sec. 1, Chongqing S. Rd., Zhongzheng Dist., Taipei City 100, Taiwan (R.O.C)
電　　話：(02)2370-3310　　　傳　　真：(02) 2388-1990
印　　刷：京峯彩色印刷有限公司（京峰數位）

定　　價：360 元
發行日期：2021 年 5 月第一版

臉書

蝦皮賣場